JN300828

ブラックバスを退治する

——シナイモツゴ郷の会からのメッセージ——

細谷和海　高橋清孝　編

恒星社厚生閣

1 全国の湖沼河川に侵入したブラックバス

1 オオクチバス（早坂正典）
平野部の池沼や流れの緩やかな川にすむ

2 獲物を探すオオクチバス（早坂正典）
魚類，甲殻類，水生昆虫，両生類など多くの水中や水面にすむ小動物を食べる

3 ため池のオオクチバス（高橋清孝）
全国20万個のため池が脅威にさらされている

4 オオクチバス卵とふ化直後の仔魚（早坂正典）
卵は水底の小石などに産み付けられ，3〜5日でふ化する

5 コクチバス（早坂正典）
河川や低水温の湖で生息域が拡大している

6 モツゴを捕食したバス幼魚（早坂正典）
稚魚や幼魚による食害の影響が大きい

7 バスが捕食していた数種のトンボ類幼虫（早坂正典）
貴重な水生昆虫なども犠牲になっている

8 バス幼魚を共食いした成魚（早坂正典）
小魚が全滅したため池では共食いが激しい

2 東北地方平野部の重要淡水魚

1 シナイモツゴ（早坂正典）
宮城県を代表する淡水魚だが県内生息地は旧品井沼周辺ため池群のみである

2 シナイモツゴ幼魚（早坂正典）
ふ化後1年で成熟し，本来，繁殖力は強い

3 近縁のモツゴ（早坂正典）
関西地方から移殖されシナイモツゴを駆逐した

4 ミジンコを食べるシナイモツゴ（早坂正典）
水底に沈んだ植物の分解物なども食べる

5 産卵期のゼニタナゴ雄（三村治男）
生息地が全国10箇所に減少し関東・東北地方で最も絶滅が危惧されるタナゴ

6 ギバチ（早坂正典）
水質の良いため池や小川に生息している

7 メダカ（早坂正典）
水田の土水路やため池に生息している

8 キンブナ（細谷和海）
メダカとともに田園地帯を代表する魚，減少著しい

9 産卵期のジュズカケハゼ雄（進東健太郎）
水質の良いため池や湖にすむ

10 抱卵中のスジエビ（早坂正典）
ブラックバスが好んで捕食するので，侵入した水域ではほとんど全滅することが多い

3 だれでもできるブラックバス駆除

1　池干しによるブラックバス駆除（鈴木康文）
水位を下げて地曳網をみんなで曳く

2　完全排水後はタモ網などで捕獲（高橋清孝）
池干しに参加した子供たち

3　水中ポンプによる完全排水（高橋清孝）
排水栓の開放で完全排水できない場合は水中ポンプを使用する

4　在来魚の再放流（高橋清孝）
貴重な在来魚はあらかじめ隔離飼育し，水位回復後に放流する

5　人工産卵床の作製（高橋清孝）
冬の間にバス卵と親を駆除する人工産卵床を作成

6　観察筒で人工産卵床の産卵チェック（高橋清孝）
1週間に2回の観察が必要

7　人工産卵床に産みつけられたバス卵（高橋清孝）
1基当たり平均10,000個の卵が産みつけられる

8　人工産卵床で初めて捕獲したバス（高橋清孝）
産卵のあった産卵床に小型刺網を設置して捕獲する

9　三角網によるバス稚魚の駆除（高橋清孝）
産卵場近くの岸辺でバス稚魚を探す

10　バス稚魚を取り囲んですくう（高橋清孝）
水面付近に数千尾が密集している

11　捕獲した稚魚（高橋清孝）
密集する体長20mm以下の稚魚はミジンコを食べている

12　半日の成果（高橋清孝）
8名で約20万尾の稚魚を駆除

13　製品化された人工産卵床（高橋清孝）
営巣センサーの開発実用化により省力型製品が完成した

4．だれでもできる在来魚の復元

1　シナイモツゴの産卵ポット（鈴木康文）
シナイモツゴ郷の会開発のシナイモツゴが最も好んで産卵するポット

2　ポットの中で卵を守る雄（高橋清孝）
ふ化するまで精悍な雄が卵を守る

3　産卵ポット設置状況（高橋清孝）
水面に浮かべることにより100%の産卵率が得られるようになった

4　ふ化直前の卵（早坂正典）
卵に眼ができると衝撃に強くなるので，安全に輸送できる

5　卵から育てる里親小学校（鈴木康文）
ミジンコを繁殖させた池へ卵を収容する

6　シナイモツゴ稚魚の放流（鈴木康文）
ブラックバスを駆除したため池へ里親が育てた稚魚を放流する

7　ゼニタナゴの移殖（三村治男）
ゼニタナゴ仔魚が寄生するドブガイを選び，条件の整ったため池へ移殖する

8　移殖先で繁殖したゼニタナゴ（高橋清孝）
2回の繁殖で数千尾に増殖した

ゼニタナゴの生活環

ゼニタナゴはコイ科に属する 8cm ほどのタナゴの仲間で，二枚貝に産卵する変わった性質をもつ．多くのタナゴ類が春に産卵するのに対してゼニタナゴは秋に産卵する．春に仔魚が二枚貝より出るまで半年以上貝の中にいる．このためゼニタナゴは，越冬することができる二枚貝が必要である．

産卵前のゼニタナゴ（左が雄・右が雌）

産卵の瞬間（メスが産卵管を貝に差し込む）

8月成長を続ける稚魚
（秋に産卵できるまで成長する）

二枚貝の鰓葉内で越冬する仔魚前期

7月群れを作り岸辺を泳ぐ稚魚

6月二枚貝より泳出した仔魚後期

作成：進東健太郎

二枚貝の生活環

　タナゴの産卵基質となるイシガイ科の二枚貝は，河川や池沼など多様な環境に生息している．二枚貝もタナゴ類と同様に他の生物を利用する．二枚貝は繁殖の際，グロキディウムという幼生を放出する．この幼生が魚に寄生しないと貝になることができない．幼生は主にハゼ科の魚に寄生する．二枚貝は幼生が寄生する魚が必要である．

カラスガイの成貝（産卵期は秋～冬）

雌は鰓葉内に産卵し，幼生放出まで保育

カラスガイの幼貝
（殻長が90mmを超えると産卵する）

卵からふ化したグロキディウム幼生

宿主から離脱直後の稚貝

ヌマチチブの尾びれに寄生した幼生

作成：進東健太郎

巻 頭 言

　外来生物法*が2004年5月に成立すると，その直後からオオクチバスの指定をめぐって釣業界と生態系を守ろうとする人々の間で熱い議論が繰り広げられた．意外なことにその年の秋から雲行きが怪しくなって，2005年6月施行時の指定が困難視されるようになった．その最中の2004年11月にNPO法人シナイモツゴ郷の会が「生態系保全とブラックバス対策」と題したシンポジウムを宮城県で開催した．シンポジウムはシナイモツゴの模式産地ではあるものの知名度の低い地方の町，鹿島台町で開催されたが，実際には200名を上回る参加があり，多岐にわたる発表をめぐって議論は大いに盛り上がりを見せた．これを見て，私をはじめシンポジウム実行委員のメンバーは自然再生を目指したブラックバス対策への関心が高まりつつあることを強く実感し，大いに元気づけられた．

　このシンポジウムではブラックバス被害の予想以上の拡大，効果的なブラックバス駆除方法の開発や体制づくりなど新たな知見が続々と報告された．さらに，ブラックバス駆除と併せて在来魚を復元するモデルが提案されるなど，これまでの認識を一新する貴重な報告がなされ，発展的な議論が展開された．

　その後，本シンポジウムに座長としてご参加いただき本書の編集をお願いした近畿大学・細谷先生が，環境省の専門家委員会においてオオクチバス指定をただ一人強硬に主張され，同時に全国の市民団体が強く主張したため，オオクチバス指定の議論がマスコミで社会問題として取り上げられ，外来生物法施行と同時のオオクチバス指定が実現したと考えられる．これは現場で自然再生をめざしブラックバス駆除を推進している我々市民団体にとって，口で言い表せないほど大きな励みとなった．これを受けて，ブラックバス駆除の市民運動は全国的に拡大し，さらに2005年11月には全国ブラックバス防除市民ネットワークが結成されることにより全国的な連携が可能となった．

　シンポジウム開催中から講演内容のとりまとめと出版について多くの参加者から要望があったため，講演者に相談したところ，全員に執筆を快諾いただいた．その後，各地で活躍中の著者の方々がきわめて多忙であることや編集事務局の不手際で作業が大幅に遅延してしまった．このため，ご支援いただいた多くの方々にご迷惑をおかけすることになり，深くお詫びしたい．一方，各著者には執筆内容に関してシンポジウム開催後に判明したことも含めて記載をお願いすることになった．したがって，本書では直近の情報を含め，多彩な内容を掲載することができた．

　近年，外来生物法など環境配慮を義務づけた法律が相次いで施行され，これを受けて各地で生態系を保全する活動が行われるようになった．しかし，この歴史は浅く，保全活動を推進するためのノウハウが完備しているとは言い難い現状にある．自然再生をめざしブラックバス駆除に関心のある方々に，本書を役立てていただければ非常に幸いである．

　最後にシンポジウム開催から本書のとりまとめに際し，献身的な強力を惜しまなかった伊豆沼バス・バスターズや当会のメンバーに深謝します．

平成18年6月
NPO法人シナイモツゴ郷の会理事長・全国ブラックバス防除市民ネットワーク会長
安 住 祥

* 特定外来生物による生態系等に係わる被害の防止に関する法律

はじめに

　外来種の侵入は生物多様性にとって最大の脅威と言われる．わが国でもとうとうブラックバスが特定外来種に指定された．特定外来種は，飼うことはもとより，他地域に放流したり運搬したりすることが禁止され，違反すると厳しく罰せられる．もうこれ以上日本の水域を侵略させないという方向性が示された．日本に移殖されたブラックバスは，湖沼や河川の止水域に生息するオオクチバス，それに河川の流水域に生息するコクチバスに大別される．さらに，オオクチバスはノーザンバスとフロリダバスの2亜種に細分され，現在，日本各地で交雑が進行している．このようにさまざまなバスが日本に持ち込まれた理由は，バス釣り師たちが日本中の水域でより大型のバスを釣りたいという要求を満たすため，いく度となくアメリカから導入したからである．いずれも強い魚食性を示し，日本在来の淡水魚を地域的に絶滅させている．

　ブラックバス被害の凄まじさを見せつけられたのは2000年の宮城県内のため池と伊豆沼においてである．1993～1996年の魚類調査ではほとんどのため池でヌカエビ，スジエビ，モツゴ類やタナゴ類が多量に見られ，ラムサール条約指定登録地の伊豆沼では驚くほど多量のゼニタナゴとその他コイ科魚類が生息していた．2000年に再び調査すると一転してほとんどのため池でモンドリに入る魚が皆無となり，岸辺には大量のソフトルアーが投げ捨てられ，これらのため池がバスに乗っ取られたことを物語っていた．同期の伊豆沼では小型定置網の漁獲量が1/3に減少し，バスを除いた漁獲尾数は1/10以下に減少し，ゼニタナゴやメダカは沼から完全に姿を消した．

　バス駆除は希少魚保護と同時進行で取り組むべき課題である．このような中で立ち上がったのが，シナイモツゴの模式産地である大崎市鹿島台の住民と伊豆沼の自然再生を願う一般市民たちである．前者は2002年に「シナイモツゴ郷の会」を結成し，後者は2004年に「伊豆沼バス・バスターズ」を結成した．2つの団体は協力し合いながら誰でもできるブラックバス駆除の手法を開発し，駆除の体制を整えた．さらに，彼らは本来の目的である生態系復元を実現するためにこれまで困難とされてきたシナイモツゴやゼニタナゴの復元と正面から取り組んだ．最近，彼らはため池の特性を巧みに利用して，シナイモツゴとゼニタナゴの簡易な人工繁殖方法を相次いで開発している．2006年5月，地元小学生が繁殖させたシナイモツゴをバス駆除した水域へ放流することにより自然を再生しようという夢のような企画が実現している．1～2年後にはゼニタナゴの放流も可能になるであろう．

　日本人にとってブラックバス駆除や在来魚の放流による自然再生は，地形的な特殊性や遺伝子攪乱への配慮が必要なことから，基本的にはそれぞれの地域においてこれらを考慮した独自な取り組みが行われるべきである．一方，全国津々浦々にはびこったブラックバスを退治するにあたり，行政に委ねることには限界があり，市民が積極的に参加する市民と行政の協働が不可欠となっている．私たちは多くの市民団体が自然再生を目指してバス駆除に立ち上がることを願っており，その際に本書で紹介した市民参加型バス駆除・自然再生をモデルとして参考にしていただければ幸いである．

2006年6月
編者　高橋清孝・細谷和海

ブラックバスを退治する　目次

巻頭言（安住　祥）……………………………………………………………………………i
はじめに（高橋清孝・細谷和海）……………………………………………………………iii

1章　断罪されたブラックバス …………………………………………………………1

1・1　ブラックバスはなぜ悪いのか（細谷和海）…………………………………3
1. 外来魚とは ………………………………………………………………………3
2. 外来魚がもたらす弊害 …………………………………………………………5
   1）生態的影響（6）　2）遺伝的影響（6）　3）病原的影響（7）　4）未知の影響（7）
3. 原風景の消失 ……………………………………………………………………7
   1）生物学的均一化（7）　2）消える琵琶湖の淡水魚（9）
4. バス釣りを考える ………………………………………………………………11

1・2　外来生物法とオオクチバス―特定外来生物の指定をめぐって―（中井克樹）………13
1. 外来生物法制定の背景 …………………………………………………………13
2. 代表的な外来生物：マングースとアライグマ ………………………………14
   1）ジャワマングース（14）　2）アライグマ（14）　3）その他（15）
3. 外来生物としてのブラックバス ………………………………………………15
4. 特定外来生物指定に反対する勢力 ……………………………………………17
5. 急転直下の特定外来生物指定 …………………………………………………19
6. 外来生物法の施行とオオクチバス対策の今後 ………………………………20
7. 終わりに …………………………………………………………………………24

2章　拡がるブラックバス被害 …………………………………………………………27

2・1　オオクチバスが魚類群集に与える影響（高橋清孝）………………………29
1. 漁獲量の推移 ……………………………………………………………………29
2. 魚種組成と全長組成の変化 ……………………………………………………30
3. バス稚魚の出現とその食性 ……………………………………………………32
4. コイ科魚類における稚魚の減少と資源水準の低下 …………………………33
5. タナゴ類の減少 …………………………………………………………………34
6. モツゴの減少 ……………………………………………………………………34
7. そのほかの魚の減少 ……………………………………………………………34
8. 増加した魚 ………………………………………………………………………35
9. 対　　策 …………………………………………………………………………35

2・2　オオクチバスが水鳥群集に与える影響（嶋田哲郎）………………………37
1. 調査地および調査方法 …………………………………………………………37

  2．水鳥類の個体数の経年変化………………………………………………………38
  3．大きく減少した水鳥類—カイツブリ，コサギ，ミコアイサ………………38
  4．コサギの減少……………………………………………………………………40
  5．カイツブリの減少………………………………………………………………41

 2・3　**伊豆沼・内沼におけるゼニタナゴと二枚貝の生息現況**（進東健太郎）……43
  1．ゼニタナゴの産卵状況…………………………………………………………43
  2．二枚貝の減少……………………………………………………………………45
  3．伊豆沼・内沼ゼニタナゴ復元プロジェクト…………………………………46

 2・4　**ブラックバスの脅威にさらされる全国20万個のため池**（坂本　啓，佐藤豪一，
   安部　寛，浅野　功，根元信一，五十嵐義雄，高橋清孝）……………………48
  1．ため池の現状……………………………………………………………………48
  2．ため池の役割……………………………………………………………………51
  3．ため池の今後……………………………………………………………………52

 2・5　**河川へ拡大するブラックバス汚染**（須藤篤史・高橋清孝）………………………53
  1．七つ森湖におけるブラックバスの生態と魚類相への影響について………53
   1）七つ森湖内における2種の生態（生息分布，繁殖，食性）（54）
   2）魚類相の変化からみたブラックバスによる食害の影響（55）
  2．河川へのブラックバス生息域拡大の実態……………………………………58
   1）人工湖から河川への拡大（58）　2）ため池から河川への拡大（59）
  3．河川におけるブラックバスの繁殖……………………………………………59
   1）コクチバスの繁殖（60）　2）オオクチバスの繁殖（60）
  4．対　　策…………………………………………………………………………61

3章　ブラックバス駆除の方法と体制づくり……………………………………………65
 3・1　**駆除方法**（細谷和海）………………………………………………………………67
  1．駆除計画…………………………………………………………………………67
   1）駆除目標（68）　2）ブラックバスの処理（68）
  2．駆除の実例………………………………………………………………………68
   1）釣り（68）　2）延縄（69）　3）網漁具（69）　4）エレクトロショッカー（70）
   5）産卵床の破壊（70）　6）人工産卵床（71）　7）産卵場所の干出（71）　8）掻い堀り
   （池干し）（71）　9）パイプカット手術（72）　10）放射線照射による不妊化（72）
   11）3倍体作出による不妊化（73）　12）天敵の放流（73）　13）病魚の放流（73）
   14）薬殺（74）
  3．駆除の課題と技術開発…………………………………………………………74

3・2　伊豆沼方式バス駆除方法の開発と実際（高橋清孝） …………………77
1. 繁殖阻止方法の開発 …………………77
   1）地曳網による捕獲（77）　2）人工産卵床（77）　3）営巣センサーの開発と実用化（78）
   4）タモ網採集（79）　5）定置網による移動分散期稚魚の漁獲（80）　6）秋季の定置網による幼成魚の漁獲（80）
2. 伊豆沼方式バス駆除の実際 …………………80
   1）人工産卵床による卵駆除（80）　2）浮上稚魚のタモすくい（84）
   3）定置網による移動期稚魚の捕獲（84）　4）定置網による中大型魚の捕獲（85）
3. 市民レベルの取り組みの必要性 …………………85

3・3　バス・バスターズの取り組み（進東健太郎・嶋田哲郎） …………………87
1. 活動の開始 …………………87
2. 駆除開始 …………………88
3. 参加者について …………………89

3・4　伊豆沼におけるバス駆除とその効果（小畑千賀志） …………………90
1. 2004年度のバス駆除取組状況 …………………90
2. 小型定置網を用いた「バス中・大型魚の駆除」…………………92
3. バス駆除の効果 …………………94
4. 今後の課題 …………………94

3・5　市民団体はこのようにして結成された―誰でもできる自然再生をめざす技術開発と体制づくり―（高橋清孝）…………………95
1. 池干しの実施 …………………97
2. 池干しの手続き …………………99
3. シナイモツゴの里親募集 …………………99
4. 伊豆沼バス・バスターズの結成 …………………100
5. 活動を継続するために …………………101
   ＜資料＞　特別採捕許可申請の手続き …………………103

4章　市民による自然再生 …………………107
4・1　シナイモツゴの保全への模索―長野県のシナイモツゴを例に―
（高田啓介・小西　繭）…………………109
1. シナイモツゴとモツゴの形態・生態・分布の特徴 …………………109
2. 長野県内の両種の勢力分布と多様性 …………………110
3. 交雑と種の置き換わり …………………111
4. 長野県におけるシナイモツゴ保全への取り組みと展望 …………………113
   1）棚田の役割（114）　2）ため池環境の保全（115）

4・2 シナイモツゴの保護とため池の自然再生（大浦　實・渡辺喜夫・三浦一雄・
　　　鈴木康文・遠藤富男・二宮景喜・佐藤孝三・石井洋子・坂本　啓・高橋清孝） …117
　　1．里山で60年ぶりに再発見されたシナイモツゴ ……………………………………117
　　2．オオクチバスの侵入と郷の会の結成 ………………………………………………118
　　3．市民によって始まったバス掃討作戦 ………………………………………………118
　　4．シナイモツゴの人工繁殖 ……………………………………………………………119
　　5．稚魚の飼育 ……………………………………………………………………………121
　　6．里親第一号の飼育記録 ………………………………………………………………121
　　7．シナイモツゴ生息池の拡大 …………………………………………………………123
　　8．里親の募集 ……………………………………………………………………………123
　　　　1）卵の里親(123)　2）稚魚の里親(124)
　　9．自然再生を目指して …………………………………………………………………125
　　＜資料＞　シナイモツゴ里親制度規約 ………………………………………………126

4・3 ゼニタナゴの復元（高橋清孝・進東健太郎・藤本泰文） ……………………………128
　　1．宮城県のゼニタナゴ生息状況 ………………………………………………………128
　　2．ゼニタナゴの移殖 ……………………………………………………………………129
　　3．ゼニタナゴ救出作戦 …………………………………………………………………130
　　4．ため池の積極的利用 …………………………………………………………………131
　　5．放流と管理上の留意点 ………………………………………………………………132

4・4 よみがえれ水辺の自然（細谷　和海） …………………………………………………133
　　1．淡水魚はどのくらい減ったのか ……………………………………………………133
　　2．淡水魚はなぜ減ったのか ……………………………………………………………135
　　　　1）第1の危機(135)　2）第2の危機(136)　3）第3の危機(136)
　　3．淡水魚の価値 …………………………………………………………………………137
　　　　1）自然史的遺産(137)　2）文化財(138)　3）環境指標(138)　4）遺伝資源(138)
　　　　5）環境教育素材(139)
　　4．ブラックバス駆除後の淡水魚再生に向けて ………………………………………139
　　　　1）どの淡水魚を守るべきか(139)　2）保護目標の設定(140)
　　　　3）種苗放流について(140)
　　5．淡水魚の保護の方法 …………………………………………………………………141
　　　　1）水田の役割(141)　2）研究施設の役割(142)
　　6．田んぼの生き物を守る ………………………………………………………………142

索　　引 …………………………………………………………………………………………145
あとがき（細谷和海・高橋清孝） ……………………………………………………………151

編者および執筆者一覧

＜編著者＞

細谷和海（ほそや　かずみ）
昭和26年生まれ　京都大学農学部卒業
環境省"特定外来生物魚類専門家会合"委員
環境省"レッドデータブック汽水・淡水魚類分科会"座長
近畿大学農学部教授　農学博士

高橋清孝（たかはし　きよたか）
昭和26年生まれ　北海道大学水産学部卒業，東北大学農学部修士修了
NPO法人シナイモツゴ郷の会　副理事長
伊豆沼・内沼ブラックバス防除検討委員会座長
宮城県水産研究開発センター海洋資源部長　水産学博士

＜執筆者＞（五十音別）

安部　寛（あべ　ひろし）
昭和25年生まれ　福島県喜多方工業高校卒業
NPO法人シナイモツゴ郷の会　理事

浅野　功（あさの　こう）
昭和24年生まれ
NPO法人シナイモツゴ郷の会　監事

五十嵐義雄（いがらし　よしお）
昭和27年生まれ
NPO法人シナイモツゴ郷の会　監事

石井洋子（いしい　ようこ）
昭和32年生まれ
NPO法人シナイモツゴ郷の会　理事

遠藤富男（えんどう　とみお）
昭和7年生まれ
NPO法人シナイモツゴ郷の会　理事

大浦　實（おおうら　みのる）
昭和14年生まれ
NPO法人シナイモツゴ郷の会　理事

小畑　千賀志（おばたちかし）
昭和26年生まれ　東北大学農学部卒業
宮城県産業経済部研究開発推進課

小西　繭（こにし　まゆ）
昭和49年生まれ　信州大学理学部卒業
信州大学非常勤講師　信州大学奨励研究員　理学博士

坂本　啓（さかもと　けい）
昭和51年生まれ　東北大学大学院理学研究科博士課程前期終了
NPO法人シナイモツゴ郷の会　理事　理学修士

佐藤孝三（さとう　こうぞう）
昭和28年生まれ
NPO法人シナイモツゴ郷の会　理事

佐藤豪一（さとう　ひでかず）
昭和53年生まれ
NPO法人シナイモツゴ郷の会　理事

嶋田哲郎（しまだ　てつお）
昭和44年生まれ　東京農工大学農学部卒業　東邦大学大学院修士課程修了
宮城県伊豆沼・内沼環境保全財団研究員　農学博士

進東健太郎（しんどうけんたろう）
昭和48年生まれ　北里大学水産学部卒業
宮城県伊豆沼・内沼環境保全財団研究員

鈴木康文（すずき　やすふみ）
昭和13年生まれ
NPO法人シナイモツゴ郷の会　理事

須藤　篤史（すとう　あつし）
昭和48年生まれ　東北大学大学院理学研究科博士課程前期終了
NPO法人シナイモツゴ郷の会　会員　理学修士

高田啓介（たかた　けいすけ）
昭和28年生まれ　愛媛大学理学部卒業
信州大学理学部助教授　水産学博士

中井克樹（なかい　かつき）
昭和36年生まれ　京都大学大学院理学研究科博士後期課程研究指導認定退学
滋賀県立琵琶湖博物館　主任学芸員　理学博士

二宮景喜（にのみや　けいき）
昭和18年生まれ　東北学院大学大学院修士修了
NPO法人シナイモツゴ郷の会　理事

根元信一（ねもと　しんいち）
昭和29年生まれ
NPO法人シナイモツゴ郷の会　理事

藤本泰文（ふじもと　やすふみ）
昭和50年生まれ　北里大学水産学部博士修了
ゼニタナゴ研究会　水産学博士

三浦一雄（みうら　かずお）
昭和8年生まれ
NPO法人シナイモツゴ郷の会　理事

渡辺喜夫（わたなべ　よしお）
昭和8年生まれ
NPO法人シナイモツゴ郷の会　理事

＜口絵写真撮影＞
早坂　正典　（はやさか　まさのり）
昭和18年生まれ　東北大学農学部卒業
NPO法人シナイモツゴ郷の会　会員

＜表紙・章扉イラスト＞
三村治男（みむら　はるお）
昭和22年生まれ
田沢湖生物研究会代表　画家・野外動植物研究家

断罪されたブラックバス

1

1・1
ブラックバスはなぜ悪いのか

細谷　和海

　映画エイリアンは，未知の宇宙生物を地球に持ち帰ることを目的に，調査隊を派遣するところから始まる．日本企業らしき組織が宇宙生物を武器として開発するためである．ところが，宇宙生物は想像を絶する破壊力をもち，調査隊員は次々に倒されていく．主人公の女性は，やがて宇宙生物が制御できないことを知り，ひとたび宇宙生物を地球に持ち込めば取り返しがつかないような被害を人類にもたらすと危機意識を募らせる．そこで死力を尽くして彼らと戦うが，地球で待つ人たちは最後までその危険性を理解しようとはしない．この映画は，緊迫した格闘場面のおもしろさに加え，本質を理解しないまま利益のみを追求する現代人のおごりに警鐘を鳴らしている．筆者にはエイリアンとブラックバスがどうしても重なって見える．ここでは，最初に外来魚の移殖がもたらす影響について解説し，ついでブラックバス問題を考えてみたい．なお，本書ではブラックバスをオオクチバスとコクチバスの総称として取り扱う．

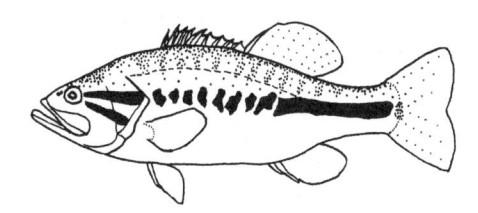

オオクチバス　*Misropterus salmoides* 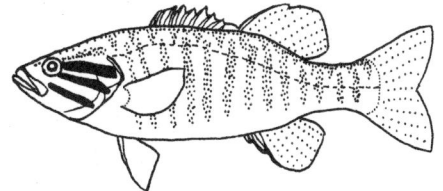　　　コクチバス　*Micropterus dolomieu*

図1・1　2つのブラックバス
　　　　オオクチバスは止水域を主な生息場所とし，日本全国に分布する．コクチバスは流水域を主な生息場所とし，まだ限られた地方に滞っている．)

1. 外来魚とは

　外から入り込んできた生物に対する名称はさまざまで，外来種（alien species），侵入種（invasive species），導入種（introduced species），非在来種（non-native species）などがある．研究者によってはalien speciesに"移入種"の訳を当てている[1,2]．環境省では当初"移入種"を用いていた．その理由として，外来種は外国からもたらされた種をイメージさせるので，国内の他地域からもたらされた種も含めるためにはより広範な概念が必要と説明していた．しかし，alien speciesと"移入種"は厳密な意味で対応しないため，環境省はその後，曖昧さを払拭させるために"外来種"に転換した．
　用語は，人間の都合によって自在に使い分けられる．植物学の分野でしばしば用いられる帰化種（naturalized species）の"帰化"という言葉には差別的な意味合いが含まれるという[2]．ここでは，"外来種"を人為活動により自然分布の外から入り込んだ種と定義しておく．わが国の水域に海流に乗って偶発的に侵入する迷魚を外来種と呼ぶことはできない．外来種問題に積極的に取り組んでいる

国際自然保護連合は，"侵入種"を自然または半自然地域に定着した外来種で，生物多様性を変え脅かすものと定義している[3]．一方，アメリカ政府は侵入種を人間社会に害をおよぼす種に位置づけて

表1・1　日本に自然繁殖している国外外来魚．細谷（2001）を改定

和名	学名	原産地	定着地	浸入・移殖年代	備考
サケ科					
カワマス	Salvelinus fontinalis	アメリカ東部	本州中部以北	1902	
レイクトラウト	S. namaycush	カナダ	中禅寺湖	1966	
ニジマス	Oncorhynchus mykiss	アメリカ西部	北海道	1877	
ブラウンマス	Salmo trutta	北ヨーロッパ	本州中部以北	昭和初期	
シロマス科					
シナノユキマス	Coregonus lavaretus maraena	東ヨーロッパ	長野県	1975	
コイ科					
ギベリオブナ	Carassius gibelio	中国	霞ヶ浦	1980年代	放棄
ソウギョ	Ctenopharyngodon idellus	中国	利根川水系	1943	
アオウオ	Mylopharyngodon piceus	中国	利根川水系	1943	混入
コクレン	Aristichtys nobilis	中国	利根川水系	1943	混入
ハクレン	Hypophthalmichthys molitrix	中国	利根川水系	1943	
パールダニオ	Danio albolineatus	東南アジア	沖縄島		
ゼブラダニオ	Danio rerio	東南アジア	沖縄島		
タイリクバラタナゴ	Rhodeus ocellatus ocellatus	中国	日本全国	1943	混入
オオタナゴ	Acheilogntahus macropterus	中国	霞ヶ浦・利根川水系	1990年代	混入
ドジョウ科					
カラドジョウ	Misgurnus mizolepis	韓国・台湾	埼玉県・長野県・香川県・山口県ほか	1960年代?	混入
ヒメドジョウ	Lefua costata	中国・韓国	山梨・長野・富山・和歌山		混入
ヒレナマズ科					
ヒレナマズ	Clarias fuscus	台湾	石垣島	1960年代	
ロリカリア科					
マダラロリカリア	Liposarcus disjunctives	アマゾン川	沖縄島	1991	放棄
カダヤシ科					
カダヤシ	Gambusia affinis affinis	北米	関東以南	1916	
グッピー	Poecilia reticulata	南米	各地の温泉・琉球列島・小笠原諸島	1970（沖縄島）	
コクチモーリー	P. sphenops	中米	北海道白老町の温泉		
ペヘレイ科					
ペヘレイ	Odonthestes bonariensis	南米	相模湖・霞ヶ浦	1966（相模湖）	
サンフィッシュ科					
オオクチバス	Micropterus salmoides	北米	日本全国	1925	
コクチバス	M. dolomieu	北米	本州中部	1990年代?	
ブルーギル	Lepomis macrochirus	北米	日本全国	1960	
カワスズメ科					
モザンビークティラピア	Oreochromis mossambicus	アフリカ	各地の温泉・琉球列島・小笠原・父島	1954	
ナイルティラピア	O. niloticus	アフリカ	各地の温泉・池田湖	1962	
ジルティラピア	Tilapia zillii	アフリカ	各地の温泉・池田湖	1962	
ゴクラクギョ科					
チョウセンブナ	Macropodus chinensis	朝鮮半島	本州各地	1914	逸出
タイワンキンギョ	M. opercularis	台湾	高知（絶滅）	1897?	
タイワンドジョウ科					
タイワンドジョウ	Channa maculata	台湾	近畿地方・琉球列島	1906（近畿地方）	
カムルチー	C. argus	朝鮮半島	日本全国	1923	
コウタイ	C. asiatica	台湾	石垣島・大阪府		
タウナギ科					
タウナギ	Monopterus albus	台湾	関東・近畿・沖縄島	1890年代（奈良県）	逸出

いる[4]．外来種と侵入種の使い分けには，侵入種ではない外来種，すなわち栽培種と飼養種など外国に起源をもつ農作物や家畜に対する配慮が感じられる．

外来魚は文字通り外来種の魚類を示す．外来魚といえば，すぐに外国から持ち込まれた魚類を連想するが，外来魚は必ずしも外国から来たものだけとは限らない．在来の淡水魚に国境があるはずもなく，問題となるのは彼らの生活圏の内か外かである．したがって，日本国内であっても本来の生息場所を越えて人為的に移殖される淡水魚も外来種と呼ぶべきである．筆者は外来魚を便宜上，外国に由来する国外外来魚と日本のほかの地域から来た国内外来魚に分けている（図1・2）[5]．国外外来魚は，意図的・偶発的を問わず，明治時代以降，諸外国よりわが国の淡水域に多くの魚種が移殖されてきた[6]．そのうち，わが国の自然水域に長期にわたり繁殖しているものは約30種で，その種類数はわが国の淡水魚総数の約10分の1にもおよぶ（表1・1）．これには，ソウギョ，ハクレン，タイリクバラタナゴのような中国産コイ科魚類や，オオクチバス，コクチバス，ブルーギルなど北米産サンフィッシュ科魚類も含まれる．国内外来魚ではゲンゴロウブナのように意図的に移殖されたものもあるが，琵琶湖のアユの種苗に紛れ込んで偶発的に広がった魚種が多い．現在，関東や東北地方に生息するモツゴやナマズは，稲作文化の伝播にともない西南日本から二次的に侵入してきた国内外来魚の可能性がある．

農業が隔離された場所で生物を完全に人為下で管理するのに対して，漁業は野外の自然生態系に依存して行なわれる．それゆえ，漁業を持続的に進めるためには自然生態系を根本的に損なってはならない．鳥類図鑑から益鳥・害鳥の名称が消えて久しい．それは人間の独善的な視点から生態系全体を見渡す視点へ高めた結果である．同様に，保全生態学の視点に立てば，害魚か否かの論議はあまり意味がない．内水面で増殖を目的に自然水域に種苗放流される魚類について，外来種と侵入種に分けて論議することは生物多様性保全の目的からはずれるように思える．

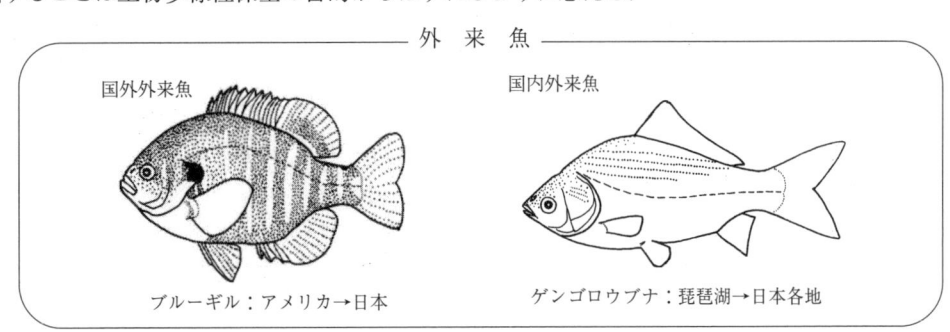

図1・1　外来魚の区分　日本国内から他地域へ移殖される淡水魚も外来魚と呼ぶべきである

2．外来魚がもたらす弊害

野生生物を減少させる原因はさまざまである．なかでも外来種の侵入は，生物多様性にとって最大の脅威であると言われている．なぜなら，外来種が一旦定着してしまうと在来種の絶滅など生物多様性にとって不可逆的な変化を起こし，回復が非常に困難であるからである．

それでは，水圏生態系では外来種はどのような負の効果をもたらすのであろうか．外来魚が在来水生生物に与える影響は，生態的影響，遺伝的影響，病原的影響，および未知の影響の4つに大別でき

る（図1・3）．

1）生態的影響

　外来魚がもたらす生態的影響のなかでもっとも典型的なのは食害である．外来魚の食害によって数多くの固有淡水魚が壊滅状態に陥った事例をいくつも知っている．代表的な例にアフリカの"ビクトリア湖の悲劇"がある[7]．ビクトリア湖にはもともと強力な肉食魚は存在せず，フル（furu）と呼ばれる小型シクリッド類（カワスズメ類）がいた．その数は500種を越え，多くが未記載種（新種）である．1つの祖先種が数万年という短い間にさまざまな種に適応放散したと考えられ，進化研究の恰好の場であった．そのため，ビクトリア湖は"ダーウィンの箱庭"と呼ばれていた．ところが，オランダ人商人が増殖目的に1954年から数回に渡り隣接するアルバート湖からアカメ属（Lates）の魚食魚ナイルパーチを移殖した．その結果，ビクトリア湖では，わずか30年間に200種のフルが絶滅している．さらに，ナイルパーチの移殖をきっかけに，湖内では生態適地位をめぐる魚種の交代が起こり，魚種構成もきわめて単純なものにかわってしまった．

　一般に，食物連鎖の頂点に立つ肉食魚は，栄養段階の低い草食魚や雑食魚の個体数を制御する．しかし，在来の肉食魚であれば餌魚を食いつくすことはなく，むしろ餌魚の減少そのものが肉食魚の個体数にフィードバックされる．このような相補的関係は食う・食われるの関係と呼ばれる．外来魚が肉食性の場合，はたして餌となる在来魚との間で生態学的バランスが保たれるか否か，まったく予想がつかない．

2）遺伝的影響

　在来種は，近縁な外来種が移殖されるとしばしば交雑する．一般に，在来種と外来種が互いに生殖的に隔離していれば，遺伝子や染色体の不整合が原因で，雑種の多くは不妊雄となる．これらの不妊雄が繁殖行動に加わると，在来種の繁殖効率は自ずと低下する．反対に，在来種と外来種の隔離が緩やかであると，雑種は雌雄とも生まれて何回も親種と戻し交配を繰り返すだろう．つまり，両種は完全な別種と呼べるほど分化していないから，交雑個体はまわりのどの個体とも番い，外来種の遺伝子は子孫に伝わっていくことになる．さらに，外来種が在来種より繁殖力と適応力が優れていれば，在来種や中間の形態を備える雑種は世代ごとに淘汰され，やがては純粋な外来種の形態だけを備えた個体群だけとなる．

　世界的にもっともよく知られているのは，カリフォルニア州・モハベ川のチュイ・チャブ *Siphatales mohavensis* の例である．チュイ・チャブはコイ科ウグイ亜科に属するモハベ川の在来種であるが，国内外来種アロヨ・チャブ *Gila orcutti* との交雑により激減し，現在ではアロヨ・チャブの形態を備えた個体ばかりになってしまったという[8]．

　西南日本の止水域で進行しているニッポンバラタナゴ *Rhodeus ocellatus kurumeus* からタイリクバラタナゴ *R. ocellatus ocellatus* への置換もまったく同じ仕組みによるものと考えられる．ニッポン

バラタナゴはタイリクバラタナゴが侵入してくると容易に交雑する．それゆえ，同種別亜種に位置づけられている．しかし，この図式に当てはめれば，ニッポンバラタナゴはタイリクバラタナゴとは異なる，滅び行くわが国固有の別種と見なされる．

3）病原的影響

外来魚の移殖を実施するとき，研究者であれば誰でも在来の生物群集に与える影響を想定するだろう．しかし多くの場合，有用魚の被捕食ばかりに目を奪われてしまう．見逃しやすいのは，移殖という行為によって，放流個体に潜む病原菌や寄生虫が移殖先で無抵抗の個体に水平感染し，在来の集団を脅かすことである．京都府宇治川でとれたオイカワの寄生虫は約半数が外来種で占められていることが報告されている．アユの冷水病については，北米産ギンザケの種苗導入やそれに続く湖アユの種苗放流に問題があるとも言われている．

4）未知の影響

外来魚を特徴づける最大の脅威は，移殖先で何をしでかすか分からない未知の影響にある．このような予測不能な影響はフランケンシュタイン効果と呼ばれている[9]．

在来の水圏生態系は，私たち1人1人の生体に例えることができる．生体内では，さまざまな臓器が血液やホルモンを通じ互いに協調し，全体として個体の恒常性を維持している．個々の臓器にそれぞれ固有の役割があり，どれ1つも欠かすことができないのは，生態系を構成する生物種と同じである．異物が侵入し限界を超えるまで数を増やしてしまうと，やがてバランスを失い，生態系全体が崩壊する点でも両者は似ている．在来の水圏生態系も生体も，進化という長い時間をかけ巧みな調節機構を獲得した点ではかわりはない．日本の在来淡水魚を後世に伝えるためには，生物多様性に変更を加えずまとめて保全することが前提となる．

バス釣り団体など外来魚を導入したい人たちは，移殖がなぜいけないのか，科学的データを求めることが多い．外来魚の影響を予測・評価するには100年，200年にわたる継続した調査が必要である．十分なデータに基づいて科学的に予測することはきわめて困難である．一見，合理的に見える要求も，実際にはあまり意味がないことを知るべきである．外来魚問題の本質は，外来魚が在来淡水魚に与える影響を予測・評価することではなく，外来魚の侵入をいかにくい止めるかにある．だからこそ"危険な外来種を最初から入れないことが賢明"とする予防原理・原則はそのために適用される．

3．原風景の消失

田園地帯へ出かけると，最近までタナゴ類やモロコ類などの在来魚がたくさん生息していた池が，いつの間にかオオクチバスとブルーギルの池にかわってしまった現象をよく目にする．日本を代表する琵琶湖においてさえ，釣れるのは外来魚ばかりである．以下に日本の湖沼を考察してみよう．

1）生物学的均一化

わが国は島国でありながらも多くの淡水魚が生息し，その数は優に300種を超える[10]．それぞれの種は均一に分布しているのではなく，複雑な地形によってルーツや生態が異なる淡水魚が各地で隔離され，地域特有の淡水魚相を形成している．そのため，いくつもの生物地理境界線が存在する．日本本土の淡水魚相は，大小さまざまな境界線によって25の地域に分けられる[11]．この地域性こそ在来生態系の原風景であり，日本の淡水魚の固有性と多様性が生じる原因となっていた．

表1・2 京都市深泥池における魚類相の変遷

魚種名 調査年	1972	1977	1979	1985	1997	1998	1999	2000
コイ	○	○	○	○	○	○	○	○
ギンブナ(オオキンブナを含む)		○	○	○	○			
ゲンゴロウブナ		◎			◎	◎	◎	◎
タモロコ	○	○	○					
ホンモロコ		◎						
モツゴ	○	○	○		○	○	○	○
オイカワ	○		○					
カワムツ	○							
カワバタモロコ	○	○	○					
シロヒレタビラ			○					
タイリクバラタナゴ			●	●				
ニッポンバラタナゴ	○							
ドジョウ	○	○	○	○		○	○	○
ホトケドジョウ	*○							
ナマズ		○				○	○	○
メダカ	○	○	○					
カダヤシ				●	●	●	●	●
オオクチバス				●	●	●	●	●
ブルーギル				●	●	●	●	●
トウヨシノボリ	○	○	○	○	○	○	○	○
ドンコ	○	○						
カムルチー	●	●	●			●	●	●
種類総数	14	15	13	9	6	10	10	10
在来種数	13	11	9	5	3	5	5	5
在来種率（%）	92.9	73.3	69.2	55.6	50.0	50	50	50
外来種数	1	4	4	4	3.0	5	5	5
外来種率（%）	7.1	26.7	30.8	44.4	50.0	50	50	50

細谷（2001）に竹門康弘博士の情報を追加．○在来種，◎国内外来種，●国外外来種　*深泥池に注ぐ細流での採取

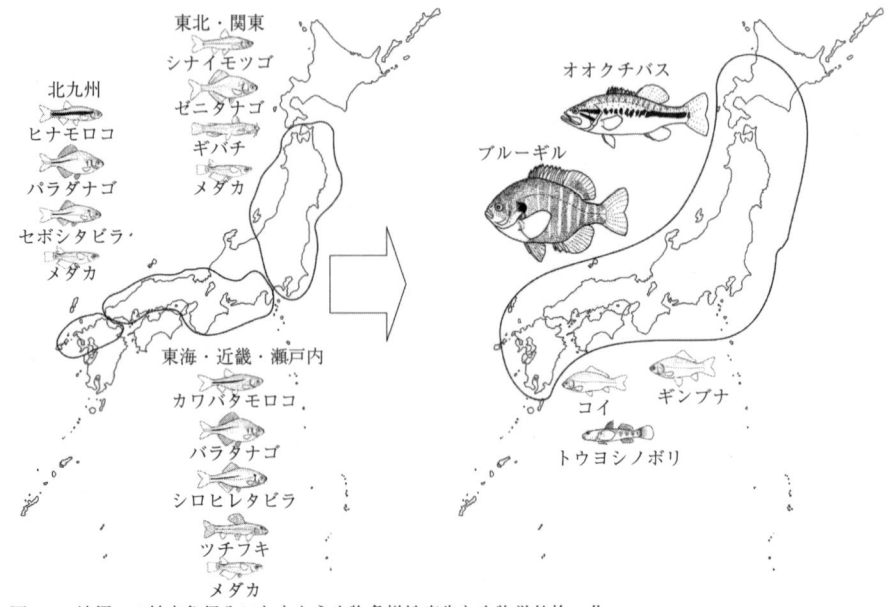

図1・4　池沼への外来魚侵入にともなう生物多様性喪失と生物学的均一化

ところが，今，想像を超えるスピードで在来生態系の原風景は消滅している．京都市深泥池では過去30年の間に魚類相が一変している（表1・2）[5]．深泥池は高層湿原で，市街地に隣接するにもかかわらず水生植物の遺存種が多く残っていることで有名である．淡水魚についても同様で，その在来種率（在来種の占める割合）は1972年の段階で91.7％であった．この時点での魚類相は，朝鮮半島からの外来魚カムルチーを除けば，西南日本の池の原風景を代表していると言われ，それを特徴づける魚種はギンブナ，モツゴ，カワバタモロコ，ドジョウ，メダカ，トウヨシノボリである．当時，深泥池にはニッポンバラタナゴが生息していた．5年後にはタイリクバラタナゴが出現し，交雑がおこり，ニッポンバラタナゴに絶滅への道が開かれてしまった．タイリクバラタナゴは，国内外来のゲンゴロウブナの種苗に紛れ込んでいたのかもしれない．1985年に初めてオオクチバスとブルーギルを確認した．この時点ではすでに種類総数は9種に，在来魚種率も55.6％にそれぞれ減っている．それからさらに10年経つとほとんどの在来種が消えてしまった．

現在の深泥池の種構成は，オオクチバスとブルーギル，彼らのエサとなるトウヨシノボリがいて，それにわずかにギンブナやコイの大型個体が加わるという状態である．外来魚を主体とした貧弱な魚類相への収斂，すなわち原風景の消滅は，東北から九州までの池沼において進行している．日本ばかりか，スペイン，南アフリカ，それに原産国のアメリカにおいてさえ東部から西部にバスとギルが移殖された結果，同様な現象が起こっている．外来種が侵入すると在来種は消滅し，在来の生物相は個性を失い，どこでも似たような単純な生態系にかわる．このような現象は生物学的均一化（Biotic Homogenization）と呼ばれ，生物多様性喪失の典型事例といわれている（図1・4）[13]．

2）消える琵琶湖の淡水魚

琵琶湖の周辺には，内湖と呼ばれる衛星湖が散在する．内湖は琵琶湖本湖と連絡し，浅い泥底，ヨシ帯が発達していることを特徴とする．イチモンジタナゴ，バラタナゴ，カワバタモロコのように周年，内湖に定住する魚種もあれば，ニゴロブナやホンモロコのように春になると沖合から産卵のために大挙して内湖にやってくる魚種もある[14]．内湖の豊かな栄養塩は食物連鎖を通じてワムシやミジンコまで転換され，やがて仔稚魚の餌となる．ヨシ帯は卵を産みつけるのに都合がよく，仔稚魚の隠れ家にもなる．内湖はまさに在来淡水魚の絶好のゆりかごであった．ところが近年，オオクチバスとブルーギルが内湖に侵入してからその様相は一変してしまった．内湖では，外来魚の数が多くなればなるほど在来魚の種数は減少することが明らかにされている（図1・5）[15]．すでにイチモンジタナゴ，バラタナゴ，カワバタモロコはすべての内湖から消滅している．この事実は，棘が短くて柔らかな鰭をもつ小型のコイ科魚類は，閉鎖水域ではオオクチバス・ブルーギルと生態的に共存できないというアメリカでの先行

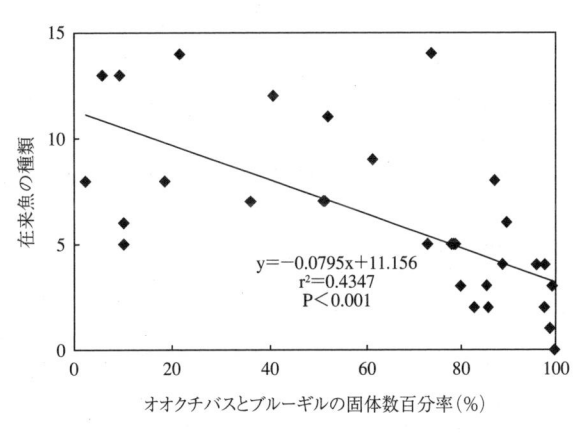

図1・5　オオクチバスとブルーギルが琵琶湖内湖の在来魚類群集に与える影響[15]

事例に一致する[16]．

言い換えれば，オオクチバスは餌として棘がなく食べやすいコイ科魚類を好み，最終的には全ての魚を食い尽くしてしまうのである．

オオクチバスとブルーギルはサンフィッシュ科に属する淡水魚で，いわば池沼のスズキといえる．ともに多産で，オスが仔稚魚を保護することを特徴とする．動物食性で食欲の旺盛さでは，日本在来のどの種もかなわない．現存量ピラミッドにおいては高位にありながら圧倒的な生体量を示す．なぜなら食性の幅が広く，特定の餌生物がいなくなっても別の餌生物に切り替えることができるからである．そのため，現存量ピラミッドにおいてはきわめて不安定な逆三角形を示すのが普通である．

オオクチバスを擁護する人たちはブルーギルの影響の方が大きいと反論する．不思議なことに，オオクチバスが移殖されると在来魚はすぐにいなくなるのに，ブルーギルは食いつくされることはない．オオクチバスはブルーギルを食べることは食べるが，ブルーギルの平べったい体と長くのびた鰭棘が少々口に合わないようである．両種は共倒れを防ぐよう，相互依存的関係にあるように見える．それは，アメリカ東部の池沼において，長い年月をかけ

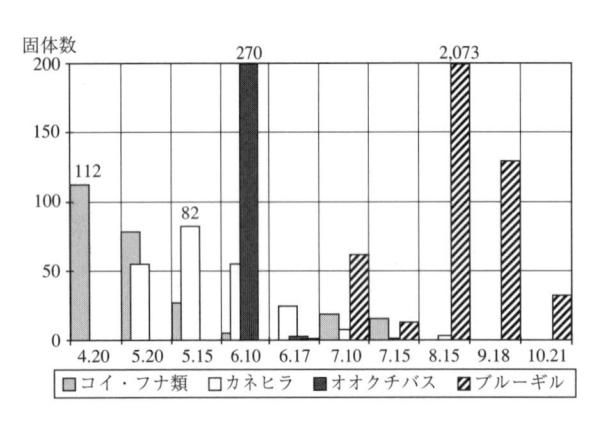

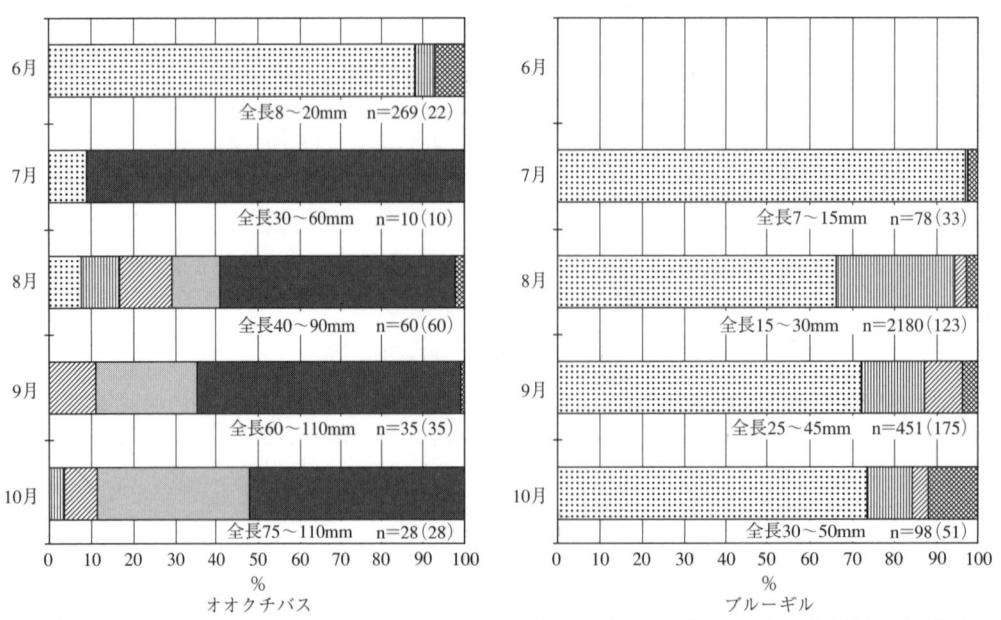

図1・6　琵琶湖内湖の湖北野田沼における仔稚魚出現の月別変化[18]

図1・7　琵琶湖内湖の湖北野田沼におけるブルーギルの食性[18]

て調整されてきたに違いない．オオクチバスを違法放流するときはブルーギルとセット放流を行なうのが常道[17]．バス釣師の経験に基づく効果的な方法とされる．ならば，在来淡水魚に与える影響についてオオクチバスとブルーギルを個別に評価すべきではない．

　典型的な内湖である湖北野田沼は，現在，オオクチバスとブルーギルに占拠されている．春に生まれた在来種の仔稚魚はオオクチバス稚魚に食われ（図1・6），夏に生まれた在来種の仔稚魚は主食のミジンコをブルーギルの仔稚魚に先取りされてしまっている（図1・7）．コイ・フナ類の産卵期が往時にくらべて約1ヵ月も遅れるのは，オオクチバス・ブルーギルと出現期が重なる系統の繁殖が抑制されているからだろう．内湖のゆりかごとしての機能が発揮できなければ，琵琶湖全体の水産資源にも大きく影響する[18]．オオクチバスとブルーギルは琵琶湖の在来淡水魚にとって最悪のコンビといえる．

4．バス釣りを考える

　自然環境の破壊が進む中，わが国において外来種問題は今や克服すべき国家的課題となった．オオクチバスについては，長年，在来の淡水魚を守りたい立場とバス釣りを楽しみたい立場が大きく対立してきた．赤星鉄馬氏が1925年に箱根の芦ノ湖へオオクチバスを導入して以来，東京帝国大学の田中茂穂教授をはじめとする魚類学の先達は，オオクチバスがわが国在来の淡水魚にとって脅威であると警鐘を鳴らし続けてきた．赤星氏をはじめバス釣師たちは，分布域拡大を目的に各地への移殖を何度か試みてきた．両者の主張と対立構造は，半世紀以上もたった現在もまったくかわらない[19]．

　環境省では，特定外来種法の施行を前にオオクチバス専門の委員会を立ち上げたが，オオクチバスを特定外来種に指定するか否かをめぐり，研究者と釣り団体の間で激しい論議が交わされた．最終的には小池百合子環境大臣の後押しにより，オオクチバスは特定外来種に指定されることになった．しかし，運用においてはオオクチバス管理釣り場が公認されたため，依然，日本の在来淡水魚にとって予断を許さない状況にある．

　バス釣り場を，希少種が生息する水域や生物多様性の高い水域から離して，バス釣りと自然保護を両立させようとする考え方がある．いわゆるゾーニングである．ゾーニングは秩序が保証され，制御技術，逸失防止，資源管理に関する一定の条件が整わなければ実施するべきではない．オオクチバスの分布は，1960年代まではほぼ芦ノ湖とわずかな隔離水域に限られていた．オオクチバスがわが国の在来淡水魚と共存する可能性は残されていた．しかし，ルアー釣りがブームになると急速に拡大し[20]，皮肉にも現在ではわが国でもっとも広く分布する淡水魚の1つとなってしまった．その背景に，バス釣師のマナーの悪さと後を絶たないバスの違法放流がある．それを裏づける証拠がいくつも示されている[21, 22]．ゾーニング案を前に，釣り団体はこのような実情を無視し，既得権に固執するあまり，バス釣り存続のチャンスを自ら失ってしまった．この間，山梨県下の富士五湖のオオクチバス漁業権更新を容認するなど，水産庁外来魚担当部局の優柔不断の姿勢が問題を複雑にし，対応を遅らせる結果となった．水産庁が持続的漁業を標榜するならば，バスの取り扱いはもとより種苗放流に頼る第5種漁業権の見直しも視野に入れ，生物多様性保全に立脚した内水面漁業の将来展望を示すことが強く望まれる．オオクチバスが生物学的に駆除の難しい段階に向かいつつある今日，ゾーニングによってバスを有効利用するという選択肢はなくなったといえよう．少なくとも現時点においては，バス釣

りそのものが社会悪であるという明確な認識をもたないかぎり，バスを完全には駆除できない．

1993年に発効した生物多様性条約は第8条において「生態系，生息地若しくは種を脅かす外来種の導入を阻止しまたはそのような外来種を制御しまたは撲滅すること」として外来種の管理の重要性を明記している．外来種に対する取り組み姿勢の強弱は，その国の文化の程度を測るよい指標とされる[22]．その意味において，ブラックバスを完全駆除するかいなかの行政的判断と展開は，わが国が真の文化国家であるかを問う，まさに踏み絵となるであろう．

本稿の内容は，生物多様性研究会の秋月岩男氏・半沢祐子女史，自然環境研究センターの小林博副理事長，琵琶湖環境科学研究センターの西野麻知子博士との論議の中で整理されたものである．謝して本稿を閉じたい．

文　献

1) 村上興正，1998：移入種対策について－国際自然保護連合ガイドライン案を中心に，日本生態学会誌，48，87-95．
2) 村上興正，1998：移入種とは何か，その管理はいかにあるべきか？，遺伝，52，11-17．
3) Clout, M., S. Lowe and IUCN Invasive Species Specialist Goup, 1996：Draft guidlines for the prevention of biodiversity loss due to biological invasion, IUCN.
4) アメリカ政府，1999：Invasive species, *Presidential documents, Executive order*, 13112, Fed. Reg., 64, 6183-6186．
5) 細谷和海，2001：日本産淡水魚の保護と外来魚，水環境学会誌，24，273-278．
6) 丸山為蔵・藤井一則・木島利通・前田弘也，1987：外国産新魚種の導入経過，水産庁，147pp．
7) Goldschmidt, T., 1999：ダーウィンの箱庭ヴィクトリア湖（丸　武士訳），草思社，358pp．
8) Hubbs, C.L. and R. R. Miller., 1942：Mass hybridization between two genera of cyprinid fishes in the Mohave desert, California, *Michigan Academy of Science Arts, and Letters*, 28, 343-378．
9) Moyle, P. B., Li H. W. and Barton B. A., 1986：The Frankenstein effect: impact of introduced fishes on native fishes in North America，(In "R.H. Stroud. ed. Fish Culture in Fisheries Management."), American Fisheries Society, Bethesda, Md. 415-426．
10) 川那部浩哉・水野信彦・細谷和海，2002：日本の淡水魚（改訂版），山と渓谷社，719pp．
11) Rahel, F.J., 2000：Homogenization of freshwater faunas across the United States, *Science*, 288, 854-856．
12) Watanabe, K., 1998：Parsimony analysis of the distribution pattern of Janpanese primary freshwater fishes, and its application to the distribution of the bagrid catfishes, *Ichthyol. Res.*, 45, 259-270．
13) Rahel, F.J. 2002：Homogenization of freshwater faunas, *Ann. Rev. Ecol. Syst.*, 33, 291-315．
14) 細谷和海，2005：琵琶湖の淡水魚の回遊様式と内湖の役割，内湖からのメッセージ（西野麻知子・浜端悦治編），サンライズ出版，118-125．
15) 西野麻知子，2005：内湖魚類相の特性，内湖からのメッセージ（西野麻知子・浜端悦治編），サンライズ出版，141-155．
16) Whittier, T. R. and Kincaid, T. M., 1999：Introduced fishes in northeastern USA lakes: Regional extent, dominance, and effect of native species richness, *Transactions of the American Fisheries Society*, 128, 769-783．
17) 則　弘祐，1986：Bass stop，別冊フィッシング，廣済堂出版，33，192pp．
18) 福田大輔・辻野寿彦・細谷和海・西野麻知子，2005：湖北野田沼における在来魚と外来魚の現状，内湖からのメッセージ（西野麻知子・浜端悦治編），サンライズ出版，126-140pp．
19) 玉川鮎の助，1952：赤星さんの思い出とバス，水の趣味，水之趣味社，12-16pp．
20) 淀太我・井口恵一朗，2004：バス問題の経緯と背景，水産総合研究センター研究報告，12，10-24．
21) 北川忠生・沖田智明・伴野雄次・杉山俊介・岡崎登志夫・吉岡基・柏木正章，2000．奈良県池原貯水池から検出されたフロリダバス *Micropterus salmoides floridanus* 由来のミトコンドリアDNA．日本水産学会誌，66，805-811．
22) 青木大輔・中山祐一郎・林　正人・岩崎魚成，2006：琵琶湖におけるオオクチバスフロリダ半島産亜種（*Micropterus salmoides floridanus*）のミトコンドリアDNA調整領域の多様化と導入起源，保全生態学研究，11，53-60．
23) WRI, IUCN and UNEP., 1992：Global Biodiversity Strategy, WRI, IUCN and UNEP, 244 pp.

1・2
外来生物法とオオクチバス
―特定外来生物の指定をめぐって―
中井　克樹

　2005年6月1日，『特定外来生物による生態系等に係る被害の防止に関する法律』（通称『外来生物法』）が施行された．この法律の規制対象となる特定外来生物としてブラックバスの1種・オオクチバスを指定することの是非を検討するために特別に小グループが設置されたが，そこでの議論は大いに紛糾することが予想された．生態的影響を考慮すれば当然に特定外来生物の指定は揺るぎないオオクチバスであるが，人気のある釣魚であるために利用者・受益者からの大きな反発を受けることは必定であったからである．実際，法律施行時に政令指定される特定外来生物にオオクチバスが含まれることが，2005年4月22日に閣議決定されるまでには，大きな紆余曲折があった．

　ここでは，外来生物法の概要と経緯を紹介するとともに，代表的な外来生物（マングースとアライグマ）と比較しながら，オオクチバスの生態的影響の特徴を明確にし，特定外来生物指定に至るまでの流れを概観する．

1．外来生物法制定の背景

　外来生物のさまざまな影響が各地で"問題"として受け止められるようになって久しい．外来生物（外来種）は，移入生物（移入種）とも呼ばれ，意図的か非意図的であるかを問わず，人為によって自然の分布・生息範囲を越えて移動させられた生物と定義される（1・1　参照）．数々の外来生物が引き起こす問題から学ぶべきことは，当該生物がもたらす影響を的確に予測することが非常に難しいことと，一旦，影響が生じた場合にそれを抑制することが技術的に困難をきわめることである．外来生物問題のこうした特性は，「疑わしきはクロとみなす」との予防的原則がこの問題への基本的姿勢としてとりわけ重要であることを意味する．この原則は，未侵入の生物を水際で防止する上での基本指針となるだけでなく，すでに定着に成功した生物であっても，分布の拡大や生態的影響の深刻化を防ぐ上でも適用される必要がある．

　ところで，日本国内には，国外起源の動物・植物だけでも2,200を超える種がすでに定着（野外で世代交代を継続）している[1]．外来生物を一掃したいとする考えは在来自然を保全するためには理念上の目標だが，膨大な種数にのぼる外来生物のすべてを排除の対象とすることは現実として不可能であり，必要性や緊急性に応じて対応するしかない．さらに，今日の私たちの人間活動は，とりわけ家畜や作物などとして外国起源の生物に著しく依存していることを考えると，それぞれの動物・植物について外来起源という観点だけで白黒をつけることはできない．

　それでもなお，数ある外来生物のなかには，人間の手を離れた野外での影響が顕著に生じ，あるいはその可能性が高いと予測され，侵入・定着や被害の拡大・進行の防止が求められるものも少なからず存在する．国際的にも，このような外来生物に対しては「侵略的外来種」という類型を与えて一般

多数の外来生物と区別する方針が明確にされ，国際自然保護連合IUCNは『世界の侵略的外来種ワースト100』を選定した[2]．それにならって国内では，日本生態学会が『日本の侵略的外来種ワースト100』をリストアップし，生態的観点からみて対策の優先度の高い外来生物を具体的に明らかにした[1]．なお，オオクチバスはその双方に選定されている．

このような流れを受け，中央環境審議会野生生物部会に移入種対策小委員会が設置された．小委員会の会合は2003年2月〜11月まで10回開催され，中間報告の発表，それに対するパブリックコメントの実施や回答説明，意見交換会の開催などを経て，外来生物対策に関する法制度化の準備が進められた．そして，2004年6月2日に外来生物法が公布されることとなった．

2. 代表的な外来生物：マングースとアライグマ

外来生物法では抑制・管理が必要と判断される国外起源の外来生物を「特定外来生物」に指定する．指定された生物は，輸入，飼育・管理，運搬・譲渡，放逐・放棄など，生息拡大に直接・間接につながる人間側の行為が一律に規制され，当該生物がすでに国内に定着している場合には，地域・水域ごとに緊急性や必要性に基づいて優先順位をつけた上で，生息抑制を目指した防除策がとられる．

外来生物法が公布されてから施行されるまでに行なわれる重要な作業が，この特定外来生物の選定であった．法律の基本方針に関する説明会などでは，特定外来生物に指定される見込みの生物種として，ジャワマングース *Herpestes javanicus*，アライグマ *Procyon lotor*，カミツキガメ *Chelydra serpentina* の3種が具体的に例示されるようになってきた．カミツキガメは，人間に対する直接的危害（文字通り噛みつきによる傷害）を加える危険性が直感的に了解されやすいが，在来生物や農林水産業への影響については未解明である．一方，ジャワマングースとアライグマは，ともに在来生物に対する影響と農業などへの被害が知られる点は共通しながら，その生態的影響の現れかた（侵害性の程度や地理的範囲）は大きく異なっている．

1）ジャワマングース

猛毒蛇・ハブの天敵としての役割を期待され，古くは1910年に沖縄県沖縄島に，比較的最近の1979年には鹿児島県奄美大島に導入され，生息域を拡大しつつあるが，その定着範囲は地理的にみればきわめて局所的である．しかし，この2島を含む琉球列島の島々は，長い地理的隔離の歴史を反映してそれぞれに固有種が豊富である．なかでも沖縄島と奄美大島は固有種の数が抜きん出て多い島の代表格で，固有種の多くがさまざまな人為的影響によって存続を脅かされる状況に置かれている．ジャワマングースがことさら問題視されるのは，一部で農作物への被害も知られているとはいえ，昆虫類を主食としながら多岐にわたる陸上の脊椎動物（哺乳類・鳥類・爬虫類・両生類）を捕食することにある[3,4]．絶滅を危惧されるアマミノクロウサギやヤンバルクイナなどの固有種が餌食となる動物に含まれ，それらの絶滅の危険性が高まることが懸念されているのだ．このように，ジャワマングースによる生態的影響は，地理的に限定されながら，希少種の保全上はきわめて重大な悪影響を与えるもの（農林水産業への影響は軽微）として特徴づけられる．

2）アライグマ

とりわけ問題視されるのは，さまざまな農作物を食害することにある[5]．在来種への影響としては，ほぼ同じ体サイズをもつ中型獣との競争関係が想定され，アライグマの定着地域では在来のタヌキな

どが減少したという報告例もある[6]．また，樹上・樹洞で営巣する鳥類の巣穴を乗っ取ったり，ザリガニや小型サンショウウオなど在来の希少な水生動物を捕食したりすることも確認されている[7]が，既知の知見では在来種の局所的消失を招くほど強力な影響を与えるまでには至っていないようだ．アライグマの侵入・定着は，もっぱら飼育個体の遺棄に起因するとされている．1977年度に放映されたテレビアニメの主役『ラスカル』としてにわかに人気を博した本種は，幼獣のうちは愛らしいが成長するにつれ気が荒くなり，やがてもて余した飼い主が各地で逃がす事態が続発したと考えられる．そうした結果，本種は，今では北海道から九州に至るほとんどの都道府県で確認され，個体の移動によって生息域は現在も拡大を続け，定着域内では生息密度が高まって農業被害や建造物への住み着きが問題視される地域も増えてきた．つまり，アライグマは，生息域の地域的範囲はきわめて広大だが，現時点では保全上の影響というよりは農林水産業や人間生活への被害が深刻な外来生物とみなすことができる．

3) その他

このように，保全上の影響および農林水産業への被害と地域的な範囲という尺度からみて，ジャワマングースとアライグマは対極に位置するものとみることができよう．「マングース型」の影響は，東京都小笠原諸島に侵入したトカゲの一種・グリーンアノール *Anolis carolinensis* でも最近，知られるところとなった[8]．樹上性のこのトカゲは昆虫類を主食とし，数々の固有種の昆虫に対して大きな打撃を与えている．また，小笠原諸島のほか沖縄県石垣島と大東諸島に定着しているオオヒキガエル *Bufo marinus* も，陸上の小動物に大きな影響を与えていることが推測されている[9, 10]．これらの外来種の例は，影響が生じている地理的範囲は局所的であるが，影響の侵害性の程度は，在来希少種の地域集団（あるいは分布域の狭い固有種の場合，その種そのもの）の存続を脅かすほどに高い．一方，「アライグマ型」の外来生物としては，かなり古くに国内にもち込まれ，最近になって重症急性呼吸器症候群（SARS）の媒介者候補として一躍注目を浴びた中型獣・ハクビシン *Paguna larvata* が該当しよう．ハクビシンも，もっぱら農作物への食害と建造物への侵入が問題視されており，在来種への影響については具体的な知見はほとんどない[11]．これらの外来種は，農業や人間生活への被害はときに深刻なレベルに達しているが，在来種への侵害的影響の程度はジャワマングースやグリーンアノールほど激甚ではない一方，その地理的範囲が著しく広いことが特徴である．

3. 外来生物としてのブラックバス

日本には現在オオクチバス *Micropterus salmoides* とコクチバス *M. dolomieu* の2種が侵入・定着している（図1·1）．奈良県池原ダムや滋賀県琵琶湖などで確認されるフロリダバスを独立種とみなす見解もあるが，ここではオオクチバスの亜種 *M. salmoides floridanus* として扱い，以下はフロリダバスを含めてオオクチバスとする．オオクチバスは，1925年に導入され，1970年代から急速に生息域を拡大，1988年までに北海道・岩手県を除く全都府県に広がり，2001年に北海道で確認されたことで都道府県単位でみた生息域拡大は完了した（北海道ではまだ繁殖は確認されていない）．地理的範囲の広さに加え，オオクチバスは，自然湖沼，ダム湖，灌漑用ため池，公園池，ビオトープ施設といった止水環境だけでなく，流水環境でも農業用水路や河川の中・下流部など緩い流れにはみられるというように，生息する水域環境が非常に多様であることも大きな特徴である[12]．オオクチバスが生

息しにくい河川の上流域にまで侵出し，これまでバスの侵攻から免れていた水域・魚種に打撃を与えることが憂慮されるコクチバスは，1990年代に入ってから各地で発見されるようになり，2004年末時点で宮城県を含む19都道県で発見されている[13]．

オオクチバスが問題視される最大の理由は，侵入した先の水域でバランスを崩して著しく増加する傾向があり，その魚食性の強い捕食作用によって水中の餌生物群集に深刻な影響をおよぼすからである[14]．宮城県伊豆沼・内沼でも，1996年にオオクチバスが増え始めたのを境に，小型種を中心に既存の魚が何種類も激減あるいは消失し，大型種の小型個体も減少し平均サイズが大型化する傾向が顕著にみられるなど，オオクチバスによる強い捕食の影響が推察されている[15]．オオクチバスが侵入・定着した先の魚類群集を劇的に変容させることはほかの多くの水域からも報告されているが，伊豆沼・内沼では，さらにこうした魚類相の激変が，水鳥群集の組成に餌条件の変化を通して関係し，さらにイシガイ科二枚貝類の世代交代にその幼生の寄主となる魚の激減を通して支障を与えていることが，全国に先がけて指摘されている（2章参照）．

オオクチバスによる影響は全国各地に拡大し，水域によってはブルーギル *Lepomis macrochirus* とともに，地域的固有性の高い日本の在来魚類に各地で深刻な打撃を与えている．このことは，1999年に環境省が発表した汽水・淡水魚類のレッドリスト（絶滅が危惧される生物種のリスト）の見直し結果に基づいて2003年に発行されたレッドデータブック（レッドリスト選定種の解説書）の記述からもみてとることができる[16]．以下，環境省版レッドデータブックで指摘されている外来魚の影響について紹介する．

汽水・淡水魚類のレッドリストでは計107種におよぶ魚類がリストアップされた．レッドリスト選定種の現状を解説したレッドデータブックでは，それぞれの種の「存続を脅かしている要因」につい

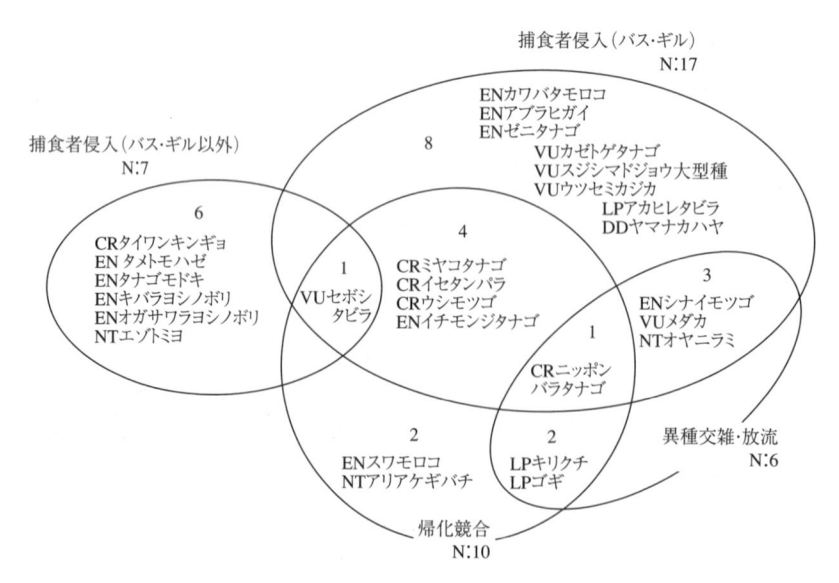

図1・8　環境省レッドデータブック（1999）掲載種のうち，外来魚の影響が指摘される種の要因タイプ別の包含関係と種数．各和名の頭に付した略号はレッドリストでのカテゴリー
CR：絶滅危惧ⅠA類，EN：絶滅危惧ⅠB類，VU：絶滅危惧Ⅱ類，NT：準絶滅危惧，
DD：情報不足，LP：保全すべき地域個体群．

ても具体的に言及がなされている．存続を脅かす要因は多岐にわたるため，レッドデータブックではあらかじめタイプ区分がなされており，いわゆる外来魚（国内移動を含む）の影響に関係した要因としては，「捕食者侵入」「帰化競合」「異種交雑・放流」の3つが当てはまる．だが，選定種に関する個別の記述において，このタイプ区分に従った分類が示されていない場合も多く，また外来魚に関係のない動物にもこれらのタイプ区分に分類されるものがいくつか含まれているために，ここでは具体的な記述内容に基づいて独自に，外来魚の影響という観点から上記3つのタイプの該当状況を判定した．なお，「捕食者侵入」の影響は捕食者がオオクチバス・ブルーギルである場合と，それ以外の種が具体的に指摘されているものとがあるため，両者を区別した．この判別のためには都道府県版レッドデータブックの記述を適宜参照した．

その結果，レッドリスト選定種107種のうち，外来魚の影響が指摘されているものは27種（25％）を数えた．これらの種について各要因タイプの包含関係を示したのが図1・8である．オオクチバス・ブルーギルの捕食による影響が指摘される種は17種を数え，これはレッドリスト選定種の16％に相当する．ところで，レッドリスト選定種107種のなかには，地理的分布域および生息環境から，オオクチバス・ブルーギルと遭遇する可能性がほとんど考えられない種が多数含まれている．それらを除くと，オオクチバスと生息域が重複すると想定されるレッドリスト選定種は35種となり，影響が懸念される種（17種）の比率は49％に達する．すなわち，オオクチバスが侵入・定着する可能性のある水域においては，レッドリスト選定種のうちのほぼ半数で，実際にこの魚の影響が憂慮される状況にあるわけだ．日本の希少淡水魚の保全の観点からみて，オオクチバスが大きな脅威となっていることは明らかである．

ジャワマングースとアライグマを対置した類型化に照らせば，オオクチバスは，地理的生息域の広範さではアライグマに肩を並べ，保全上の脅威の程度はジャワマングースに匹敵するという，両者の厄介な側面を併せもった外来生物であることがわかる．外来生物法は問題となる外来生物の適正管理を目指した法律であることを鑑みれば，オオクチバスを特定外来生物に指定することの妥当性は生態学的観点からは動かし難い．

4．特定外来生物指定に反対する勢力

このように生態的影響から判断すれば，オオクチバスの特定外来生物指定が妥当なことは明白である．しかし，特定外来生物の指定は生態的影響の類型や強度だけで判断されるわけではない．オオクチバスにコクチバスを加えたブラックバス類の場合，それが野外で生息する状況を利用する人たち（すなわち，バス釣師）や，そこから受益する個人や組織・団体（主に釣り関係業者・業界）が存在し，一部にオオクチバスが漁業権対象魚種に指定されている水域（神奈川県芦ノ湖，山梨県河口湖，山中湖，西湖）があるほか，これらの魚種を利用した管理釣り場の経営もなされている状況にある．そのため，さまざまな規制が予想される特定外来生物指定に向けた動きに対して強い反発が生じることは，事前から予想されていた．深刻な生態的影響ゆえに生息抑制が必要とされる魚が，一方では魅力的な釣り対象として生息維持が求められる状況こそが，ブラックバスをめぐって人間の側の対立が生じる根本的な原因であり，これがまさにブラックバス問題の特異性だといえる．

では，多数の利用者・受益者の存在が指定を回避する根拠になりうるのだろうか．確かにブラック

バスの利用者・受益者が相当数にのぼることは疑いない．しかし，その状況がもたらされたのは，対象魚が無秩序に広がってきたからこそであり，意図的放流にせよ付随的拡散にせよ，侵入先の水域において事前合意がなされていた事例は，一部の例外的事例を除いて皆無である．また，生息するバスを歓迎し利用するのは，バスの利用者・受益者だけであり，それ以外の大多数の人たちにとって，この魚が積極的便益をもたらすことはない．それどころか，上述した在来生物の保全上の観点，および同様の影響が水産資源魚種に及んだ場合の漁業被害などの観点から，多くの水域において生息抑制が求められているのがブラックバスなのだ．それゆえに，ブラックバスは同様の影響をもたらすブルーギルとともに沖縄県を除く全都道府県で移殖・放流を禁止する措置がとられるようになっている．にもかかわらず，意図的放流によるとしか考えられない生息域の拡大が近年も継続していることは，複数の手法の科学的分析によっても示されている[13]．さらに，オオクチバスの意図的な移殖放流は絶滅危惧種の保護水域や，外来魚の駆除を終えた水域，あるいは自然観察のためのビオトープ施設にまでおよんでいる．そして，ブラックバスの利用者・受益者は，その侵入経緯を問うことなく「なぜか今そこにいる魚を釣っているだけ」というタダ乗り状態を甘受しているわけである．対象魚のもたらす負の影響に対して利用者・受益者が応分の負担をする社会的仕組みは整備されないまま，餌となる生物は文字通り"食い物"にされ続けている．貴重な在来生物の保全上の脅威を軽減させることに加え，大勢の利用者・受益者がいながら適正管理のための有効な仕組みが存在しない現状を改善するためにも，外来生物法を施行するにあたっては，国内に定着しているブラックバス2種を管理の枠内におくべく特定外来生物に指定することが適当である．仮に利用者・受益者への配慮から指定そのものが躊躇されるとすれば，それはこの法律の存在意義そのものを揺るがす事態となろう．

　利用者・受益者にとって幸いなことに，外来生物法で規制の対象となるのは特定外来生物の生息拡大につながる行為であるため，そこに釣りという行為は含まれない．また，野外で捕獲した特定外来生物をその場で放す行為は禁止されないため，バス釣りのスタイルとして主流のキャッチ・アンド・リリース（釣った魚をその場で逃がすこと）が制限されることはない．このように外来生物法がバス釣りという行為自体に関知しないことは，法律が公示されてから後も機会あるごとに説明されてきた．しかし，規制を受けることを心配するバスの利用者・受益者の不安感はなかなか払拭されることはなく，特定外来生物という烙印を押されることで，対象魚の印象が悪くなったという主張もなされるようになってきた．

　このような中で，2004年10月以降，特定外来生物の選定のための作業が始まった．親会議となる特定外来生物等専門家会合のもと，分類群ごとに6つの特定外来生物等分類群専門家グループ会合（哺乳類・鳥類，爬虫・両生類，魚類，昆虫類，その他の無脊椎動物，植物）と，特に利用者を交えた議論を深めることが適当と考えられたオオクチバスとセイヨウオオマルハナバチ*Bombus terrestris*に関する小グループ会合が設けられた．筆者もオオクチバス小グループ会合の5名の委員の1人として，利用関係者3団体の代表者とともに，11月からの具体的な検討作業に関わることになった．委員にも利用関係者にもオオクチバスの特定外来生物指定に賛成の者も反対の者も含まれていた．議論を開始する時点で，この小グループでは多数決によることなく意見を集約したいとの意向と，オオクチバスに関する評価はこの小グループ会合での結論を尊重するとの方針が確認されたことから，筆者はこの会合においてわずか2ヵ月弱の期間で「オオクチバスの特定外来生物指定」という結論を導き

出すことは非常に難しい，と覚悟を決めた．それは，政治という不透明で，かつときに不条理な世界において，起こるかもしれない最悪の事態を恐れたからである．

　それまでにも，ブラックバスの受益者の中心的存在である（財）日本釣振興会は会長職にしばしば大物政治家を置き，ブラックバスに対して批判的な報道がなされた際には，たびたびその内容が"偏向"しているとの意見を差し挟んできた経緯があった．また，超党派の国会議員の有志で組織された釣魚議員連盟も，ことあるごとにブラックバス利用を積極的に支持する姿勢を示してきた．外来生物法の規定では，特定外来生物指定の手続きにおいて専門家の意見はあくまでも「聴く」ものであり，指定の是非に関する最終的結論となる閣議決定に至るまで，関係行政部局内における調整ののち，政府与党内でのいくつかの手続きを経ることになる．ブラックバス問題の現状批判の動きに対して，それを牽制する"政治力"のちらつきを何度となく目の当たりにしてきた筆者は，オオクチバスの特定外来生物指定をめぐって小グループ会合で結論を急いだ場合，専門家の最終的意見が指定を是としていながら，その結論が閣議決定までの過程で政治的駆け引きによって覆されるような不条理なことが起こらないとも限らない，との不安をぬぐい去ることができなかった．万が一，そのような事態が生じたとすれば，オオクチバスの特定外来生物の指定は何年も遅れることになるのは確実である．したがって，結論を得るるまでの時間がきわめて短いオオクチバス小グループ会合が始まるにあたっての筆者の心中にある譲れない妥協点は，利用者関係者が「特定外来生物の指定もやむなし」という点で合意することにあった．

5．急転直下の特定外来生物指定

　オオクチバス小グループ会合は2005年1月19日まで計4回開催され，そこでの結論は，「オオクチバスによる生態系等に係る被害を防止することは喫緊の課題」で，「準備を経て，半年を目途に指定に向けた検討を進める」というものであり[17]，筆者も当初の譲れない妥協点の最低ラインを満たす内容として合意した．（財）日本釣振興会が「特定外来生物の選定も視野には入れながらの検討に前向きに取り組む」姿勢を表明したこと[18]も評価材料であった．だが，4回の会合を通して論理的・建設的な議論が十分に展開されなかったことへの苛立ちや，この結論がいわゆる「問題の先送り」とも受け止められかねないこともあり，小グループ会合の結論は翌日の全国紙などの報道で，一斉に厳しい批判にさらされた．そして，1月21日，午後に魚類グループ会合の開かれる日の午前，小池百合子環境大臣が「オオクチバスは外来生物法の施行時の特定外来生物に含めるべきである」との意見を述べたことで，事態は急転した．

　同日午後の魚類グループ会合では，「オオクチバスに関する判断は小グループ会合の結論を尊重する」との会合本来の位置づけを確認しながらも，各委員は異口同音にできるだけ早期の指定を求める意見を述べた[19]．そして1月31日，法律施行時に特定外来生物の指定候補となる生物に関して意見をとりまとめる第2回専門家会合が開催された．なかでも，経済学の専門家である岡敏弘委員の意見は，同じく小グループ会合が設けられたセイヨウオオマルハナバチと対比させて，オオクチバスの特定外来生物指定の必要性を適切に論じたものであった．曰く，「セイヨウオオマルハナバチは被害の有無がはっきりしないが社会経済影響ははっきりしており，指定を1年延ばすことで社会経済影響をかなり緩和することができると考えられるのに対し，オオクチバスは社会経済影響が必ずしもはっき

りせず，それが釣師の心情ならば半年延ばして解消できるとは思えず，釣り活動そのものや付随する業界への影響は，釣りそのものもキャッチ・アンド・リリースも禁止されないため，指定による社会経済影響は考えにくく，半年延長に法律上さしたる根拠が認められない．」と[20]．第2回専門家会合では，最終的にオオクチバスを特定外来生物の指定候補に含めることで，満場一致の合意をみた（セイヨウオオマルハナバチは，2006年7月18日，特定外来生物に指定されることが閣議決定された）．

なお，この会合の席上で小野雄一座長がオオクチバスを指定候補に含めるとの判断は，環境大臣発言に影響されたものではなく，あくまでも委員会独自の判断であることを強調したこと[20]は重要である．というのも，今回の大臣発言は特定外来生物指定への追い風になるものであったが，専門家による議論の途上でなされたことで，その結論が左右される可能性が十分に考えられるからだ．懸念されるのは，同様の発言は指定を是としない逆の立場からもなされ得ることだ．

第2回専門家会合で合意された特定外来生物の指定対象とすることが適切な外来生物の選定[21]について，2月3日から3月2日までの1ヵ月間パブリックコメントの募集が行なわれた．小グループ会合で出された"先送り"の結論は，利用者・受益者側にオオクチバスが特定外来生物の指定からはずれる可能性へのいくばくかの期待を残すものであったが，そのわずか2日後に環境大臣発言によってその期待が打ち砕かれたことで，特定外来生物の指定そのものに反対する機運がにわかに高まった．インターネット上では携帯電話用のサイトも含め，積極的に反対意見を環境省へ届けるよう熱心なキャンペーンも行われた．その結果，このパブリックコメントに寄せられた意見の数は113,792件に達し，閣議決定に基づく規制などに関するパブリックコメントとしては過去最高の意見数となった．このうち107,815件（94.7％）がオオクチバスに関する意見を含んだコメントで，反対意見の割合は88.7％（95,620件）に達した[22]．

しかしながら，行政機関が実施するパブリックコメントの趣旨は，議論・検討の過程を経た上で決定しようとしている行政施策案に関して，十分に考慮されていない側面や，まったく別の見方が残されている可能性を想定し，必要に応じてそれらを建設的に受け入れ，施策を施行するにあたっての実効性を高めるために実施されるものである．したがって，コメントで重要なのは意見の数ではなく，その内容である．確かに数の上では反対意見が圧倒的多数であったが，反対意見が相当に多くなることは当然に想定済みであった．パブリックコメントは意見分布の調査ではないのだから，具体的な意見を伴わないものや会合などを通してすでに検討・考慮がなされている事柄にしか触れられていない内容のものは，いくら数が多くとも有効にはなりえない．結局，空前の"反対票"を集めながら，オオクチバスを含めた37種類は4月22日の閣議において，6月1日の外来生物法の施行時に特定外来生物に指定されることが決定した．その後，2006年2月1日に第2次指定種が加わり，計80種類が特定外来生物に指定されることになった（表1・3）[23]．

6. 外来生物法の施行とオオクチバス対策の今後

オオクチバスを含めた37種類（1科4属32種）を特定外来生物とする外来生物法は，2005年6月1日に施行された．魚類は選定された4種すべてに関して，防除を行なう区域を「全国」，期間を「2011年3月31日まで」とする防除の公示が行なわれ，重点的に防除事業を行なうべき水域の条件などが示された[24]．

閣議決定の直後から，オオクチバス等（オオクチバス，コクチバス，ブルーギル）に対しては，生息環境が多様で利用実態も広範である実態に鑑み，法律の施行時に適切な防除指針を定める準備も進められることになった．2005 年 5 月に 2 回開催された，オオクチバス等防除推進検討会を経て，『オオクチバス等に係る防除の指針』が策定され，2005 年 6 月 3 日付けで公開された[25]．また，この指針に基づいて，琵琶湖や伊豆・内沼を含む 6 つの水域で防除モデル事業の実施も決まった．それ以外の水域においても，必要に応じてモデルにならった防除への取り組みが期待されている．

表 1・3　外来生物法により特定外来生物に第 1 次（2005 年 6 月 1 日）および第 2 次（2006 年 2 月 1 日）に指定された種類

分類群と種類数	第1次・第2次の別と種類数	種 類 名
哺乳類 （20種類4属16種）	第1次（11種）	タイワンザル　カニクイザル　アカゲザル　アライグマ　カニクイアライグマ　ジャワマングース　クリハラリス（タイワンリスを含む）[*2]　トウブハイイロリス　ヌートリア　フクロギツネ　キョン
	第2次 （9種類＝ 4属5種）	ハリネズミ属　アメリカミンク　シカ亜科（アキシスジカ属全種　シカ属（ニホンジカの在来亜種を除く）　ダマシカ属全種　シフゾウ）　キタリス（在来亜種エゾリスを除く）　タイリクモモンガ（在来亜種エゾモモンガを除く）　マスクラット
鳥類（4種）	第1次（4種）	ガビチョウ　カオグロガビチョウ　カオジロガビチョウ　ソウシチョウ
爬虫類（6種）	第1次（6種）	カミツキガメ　グリーンアノール　ブラウンアノール　ミナミオオガシラ　タイワンスジオ　タイワンハブ
両生類（5種）	第1次（1種）	オオヒキガエル
	第2次（4種）	コキーコヤスガエル　キューバズツキガエル（キューバアマガエル）　ウシガエル　シロアゴガエル
魚類（13種）	第1次（4種）	オオクチバス　コクチバス　ブルーギル　チャネルキャットフィッシュ
	第2次（9種）	ノーザンパイク　マスキーパイク　カダヤシ　ケツギョ　コウライケツギョ　ストライプバス　ホワイトバス　パイクパーチ　ヨーロピアンパーチ
昆虫類[*1] （5種類＝1属4種）	第1次（3種）	ヒアリ　アカカミアリ　アルゼンチンアリ
	第2次（2種類 ＝1属1種）	テナガコガネ属（在来種ヤンバルテナガコガネを除く）　コカミアリ
無脊椎動物[*1] （15種類＝ 1科8属6種）	第1次 （5種類＝ 1科4属）	ゴケグモ属のうち4種（セアカゴケグモ　ハイイロゴケグモ　ジュウサンボシゴケグモ　クロゴケグモ）　イトグモ属のうち3種　ジョウゴグモ科のうち2種全種　キョクトウサソリ科全種
	第2次（10種類 ＝4属6種）	モクズガニ全種　ザリガニ科2属と2種（アスタクス属全種　ウチダザリガニ（亜種タンカイザリガニを含む）　ラスティークレイフィッシュ　ケラクス属全種）　ヤマヒタチオビ（オカヒタチオビガイ）　カワヒバリガイ属全種[*3]　カワホトトギスガイ（ゼブラガイ）　クワッガガイ　ニューギニアヤリガタリクウズムシ
植物（12種）	第1次（3種）	ナガエツルノゲイトウ　ブラジルチドメグサ　ミズヒマワリ
	第2次（9種）	アゾラ・クリスタタ　オオフサモ（パロットフェザー）　アレチウリ　オオキンケイギク　オオハンゴンソウ　ナルトサワギク　オオカワヂシャ　ボタンウキクサ　スパルティナ・アングリカ
計	第1次指定種 第2次指定種 合　計	37種類＝1科4属32種 43種類＝9属34種 80種類＝1科13属66種

日本国内において定着しているものに下線を施した．
[*1]　第1次の「昆虫類」と「その他の無脊椎動物」は，専門家会合の対象範囲の変更に伴い，第2次では「昆虫類等陸上節足動物」と「無脊椎動物」とされている．すなわち第1次ではクモ・サソリ類は，その他の無脊椎動物会合で選定されたが，これらは第2次以降は昆虫類等陸上節足動物会合で扱われる．
[*2]　定着しているのはタイワンリスのみ．
[*3]　定着種はカワヒバリガイ1種．
（追記）上記80種に加え，2006年9月1日，小委員会で検討が続けられていたセイヨウオオマルハナバチ，および未判定外来生物のうち初めて審査がなされた結果，特定外来生物と判定されたクモテナガコガネ属全種とヒメテナガコガネ属全種が，新たに特定外来生物に追加指定された．

表1・4 特定外来生物と未判定外来生物の一覧（魚種条鰭亜綱（魚類）Osteichthyes）（2006.10 環境省HPより）

科	属	特定外来生物	未判定外来生物	種類名証明書の添付が必要な生物
イクタルルス Ictaluridae	イクタルルス Ictalurus	チャネルキャットフィッシュ (*I. punctatus*)	*Ictalurus* 属の全種 ただし，次のものを除く． ・チャネルキャットフィッシュ	*Ictalurus* 属および *Ameiurus* 属の全種 ただし，次のものを除く．
	アメイウルス Ameiurus	なし	*Ameiurus* 属の全種	
パイク Esocidae	パイク（カワカマス） *Esox*	ノーザンパイク (*E. lucius*) マスキーパイク (*E. masquinongy*)	カワカマス属の全種 ただし，次のものを除く． ・ノーザンパイク ・マスキーパイク	カワカマス属の全種
カダヤシ Poeciliidae	ガンブスィア（カダヤシ） *Gambusia*	カダヤシ (*G. affinis*)	*G. holbrooki*	カダヤシ及び *G. holbrooki*
サンフィッシュ Centrarchidae	レポミス（ブルーギル） *Lepomis*	ブルーギル (*L. macrochirus*)	サンフィッシュ科の全種 ただし，次のものを除く． ・オオクチバス ・コクチバス ・ブルーギル	サンフィッシュ科，アカメ科及びナンダス科の全種
	ミクロプテルス （オオクチバス） *Micropterus*	コクチバス (*M. dolomieu*) オオクチバス (*M. salmoides*)		
	サンフィッシュ科の 他の全属 All other genera of Centrarchidae	なし		
アカメ Centropomidae	アカメ科全属 All genera of Centropomidae	なし	なし	
ナンダス Nandidae	ナンダス科全属 All genera of Nandidae	なし	なし	
モロネ（狭義） Moronidae	モロネ *Morone*	ストライプバス (*M. saxatilis*) ホワイトバス (*M. chrysops*)	モロネ科の全種 ただし，次のものを除く． ・ストライプバス ・ホワイトバス	モロネ科の全種
	モロネ科の他の全属	なし		
ペルキクティス （狭義） Percichthyidae	ガドプスィス *Gadopsis*	なし	*Gadopsis* 属の全種	*Gadopsis* 属，*Maccullochella* 属，*Macquaria* 属および *Percichthys* 属の全種
	マクルロケルラ *Maccullochella*	なし	*Maccullochella* 属の全種 ただし，次のものを除く． ・マーレーコッド (*M. peelii*)	
	マククアリア *Macquaria*	なし	*Macquaria* 属の全種 ただし，次のものを除く． ・ゴールデンパーチ (*M. ambigua*)	
	ペルキクテュス *Percichthys*	なし	*Percichthys* 属の全種	
パーチ Percidae	ギュムノケファルス *Gymnocephalus*	なし	*Gymnocephalus* 属の全種	*Gymnocephalus* 属，*Perca* 属，*Sander* 属および *Zingel* 属の全種
	ペルカ *Perca*	ヨーロピアンパーチ (*P. fluviatilis*)	*Perca* 属の全種 ただし，次のものを除く． ・ヨーロピアンパーチ	
	サンデル（サンダー） *Sander* (*Stizostedion*)	パイクパーチ (*S. lucioperca*)	*Sander* 属全種 ただし，次のものを除く． ・パイクパーチ	
	ズィンゲル *Zingel*	なし	*Zingel* 属全種	
ケツギョ Sinipercidae	スィニペルカ （ケツギョ） *Siniperca*	ケツギョ (*S. chuatsi*) コウライケツギョ (*S. scherzeri*)	ケツギョ属の全種 ただし，次のものを除く． ・ケツギョ ・コウライケツギョ	ケツギョ属の全種

表1・5 要注意外来生物リスト（2006.10 環境省HPより）

被害に係る一定の知見はあり，引き続き特定外来生物等への指定の適否について検討する外来生物

和名	学名	文献等で指摘されている影響の内容
タイリクバラタナゴ	Rhodeus ocellatus ocellatus	生態系（競合・駆逐，遺伝的攪乱）
ニジマス	Oncorhynchus mykiss	生態系（捕食，競合・駆逐）
ブラウントラウト	Salmo trutta	生態系（捕食，競合・駆逐）
カワマス	Salvelinus fontinalis	生態系（捕食，競合・駆逐，遺伝的攪乱）
グッピー	Poecilia reticulata	生態系（競合・駆逐）

被害に係る知見が不足しており，引き続き情報の集積に努める外来生物

和名	学名	文献等で指摘されている影響の内容
ソウギョ	Ctenopharyngodon idellus	生態系（環境攪乱）
アオウオ	Mylopharyngodon piceus	生態系（競合・駆逐）
オオタナゴ	Acheilognathus macropterus	生態系（競合・駆逐）
カラドジョウ	Paramisgurnus dabryanus	生態系（競合・駆逐）
ヨーロッパナマズ	Silurus glanis	生態系（捕食，競合・駆逐）
ウォーキングキャットフィッシュ	Clarias batrachus	生態系（捕食，競合・駆逐）
マダラロリカリア	Liposarcus disjunctivus	生態系（競合・駆逐）
ナイルパーチ	Lates niloticus	生態系（捕食，競合・駆逐）
タイリクスズキ	Lateolabrax sp.	生態系（捕食，競合・駆逐）
マーレーコッド	Maccullochella peelii	生態系（捕食，競合・駆逐）
ゴールデンパーチ	Macquaria ambigua	生態系（捕食，競合・駆逐）
ナイルティラピア	Oreochromis niloticus	生態系（競合・駆逐）
カワスズメ	Oreochromis mossambicus	生態系（競合・駆逐）
カムルチー	Channa argus	生態系（捕食，競合・駆逐）
タイワンドジョウ	Channa maculata	生態系（捕食，競合・駆逐）
コウタイ	Channa asiatica	生態系（捕食，競合・駆逐）

　防除モデル事業水域の1つ伊豆沼・内沼におけるオオクチバスの生息抑制の取り組みは，データの収集・蓄積，生息抑制の技術・方法の開発，漁業者の協力，市民参加活動への展開など，全国的にみても最先端の水準にある先導的水域であることは疑いない．その意味で，伊豆沼・内沼は環境省の防除モデル事業のなかでも模範的事例として取り扱われ，2005年度末には（財）伊豆沼・内沼環境保全財団と環境省東北地方環境事務所が『ブラックバス駆除マニュアル本及び映像用DVD』としてとりまとめ，一般向けに配布を始めている[26, 27]．

　深刻な影響をおよぼす外来種の生息抑制を実施するにあたっては，守るべき生物の保全・回復のための手立てが同時に講じられることもある．戻したい在来種がすでに消失した場合には，その再導入についても慎重な検討が必要である．このような状況に対処するためには，日本魚類学会自然保護委員会が2005年に策定した『生物多様性の保全をめざした魚類の放流ガイドライン』[28]などが参考になろう．

　特定外来生物に指定されたことで，ブラックバスやブルーギルの悪影響に心を痛める地域・水域においては，その原因の根源となる魚に対処するための法律の後ろ盾ができたことになる．これらの魚の生息抑制を効果的に行なうには，その生態的特性をうまく利用する必要があることはいうまでもなく，環境省が定めた水域における防除モデル事業の進展にも大いに期待したい．ただ，その成果を待たずとも，駆除方法に関しては，伊豆沼・内沼以外でもマニュアルや事例報告が出されている．そこ

には対象魚の生態的特性を逆手に取ったさまざまな工夫が盛り込まれているはずだ．それを慎重に読み解くことによって，マニュアルどおりの手法ではなく水域の事情に応じて修正を加えながら，実効性を高めた事業を柔軟に展開することが可能となろう．

　生息抑制のためのマニュアルとしては，個別の捕獲技法の仕様や操作などに関する戦術的なものと，個々の戦術的技法を水域の実情に応じていかに組み合わせるかという戦略的体制づくりに関するものとが求められる．戦術的技法については，なぜその技法が有効であるのかを対象魚の生態的特徴と関連づけて記述することが，その技法を参照する側の理解を深め，応用する際に必要に応じて適正な改良を促す上で鍵となる．一方，戦略的体制づくりに関しては，地域・水域単位での目的・目標の設定がきわめて重要な意味をもつ．というのも，「何を目的としてどのレベルを目標とするのか」を明確にすることにより，戦術的技法の組み合わせ方も異なってくるからだ．例えば，生息抑制のレベルを，個体数を減らして影響を緩和するだけですませるのか，完全に駆除（＝根絶）してしまうのかで，とるべき体制も大きく異なる．そして，事業の企画・実施における戦術・戦略面の検討だけでなく，事後のモニタリング調査もまた，事業の成果を評価する上で非常に重要であることを忘れてはならない．

　地域・水域単位で防除の体制を築いていくためには，手法上の枠組みだけでなくそれを実施するための組織の体制づくりが，とても大切になってくる．身近な自然環境への意識が高まるなか，とりわけ地元住民の参加は，地域における自然環境を復元し，また持続的に維持していくためには不可欠である．防除水域をかかえる地域への助言を行なったり，地域ごとに独立した活動を有機的に連携させたりするためには，最近，活発化してきている自然保護関係のNPOによる支援活動にも期待したい．また，博物館や水族館といった普及・啓発機能を併せもつ研究調査機関にも，技術開発，情報の収集・交換やネットワークづくりの拠点としての役割が，これまで以上に求められるだろう．

　また，魚の捕獲技術に長けた漁業者や釣師との協力体制をとることも重要だ．実際，すでに駆除が実施されている多くの水域では，漁業者の積極的協力が得られている．一方，釣師の協力に関しては，先に述べた（財）日本釣振興会は，最後まで「駆除水域で釣った魚を利用水域へ生きたまま移すこと」を条件とすることで，彼らのいう"釣師"の協力を得やすい環境を整備するよう要求していた．だが，『オオクチバス等に係る防除の指針』では，その意向が反映されることはなく，駆除個体の利用水域への移動を認めない形で防除の枠組みが固まった．しかし，彼らが本当に"釣師"の適切な代弁者であったかどうかには疑問がある．駆除の対象となっている魚をわざわざ別の水域に運んで再び利用したいとする，駆除を進める側からみればどうにも虫のよい条件闘争に譲歩せずとも，ブラックバスの駆除釣りを積極的に行なって活動実績を上げている釣師のグループもあれば，防除指針検討会のヒアリングの席上，積極的な駆除協力を主張する釣り団体もあるなど，釣師との協力体制の確立にも十分期待のもてる状況にあると筆者は考えている．

7. 終わりに

　伊豆沼・内沼を訪問したのは何度目になるだろうか．そのたびに筆者は，勇気づけられ，そしてハッパをかけられて帰路につく．ブラックバスなど外来魚を対象とした辛抱強い活動が続けられるのは，外来魚の増加を契機に激減した水辺の生き物たちをもとに戻したいとの切なる願いがあってこそだろう．漁業者や研究者の協力を得ながら，『バス・バスターズ』によるオオクチバスの駆除活動と，こ

のたび設立された『シナイモツゴ郷の会』による希少在来魚の保全・回復活動を両輪とした伊豆沼・内沼における取り組みが,苦悩しながらも同じ思いに動かされるほかの地域の人たちに期待と希望を与える道しるべであり続けてくれることを,筆者は確信している.次回の訪問時にはまた,現地の方々による熱い活動は筆者の予想を遙かに越えて進展し,自分の期待が心地よく裏切られることを密かに待ち望んでいる.

最後に,淡水魚保全に関するビデオ制作のため伊豆沼を初めて訪れることになって以来,ときに信念がゆらぎそうになる筆者を折に触れて叱咤激励し,今回の発表の機会を与えていただいた高橋清孝さんに,心からの謝意を表させていただきたい.

本論の内容に関する調査活動・情報収集は,環境省地球環境研究総合推進費(課題「侵入種生態リスクの評価手法と対策に関する研究研究」),2004年度WWFジャパン自然保護助成「魚のゆりかごマップ調査」,および滋賀県立琵琶湖博物館専門研究費の補助を受けた.

引用文献

1) 日本生態学会(編), 2002:外来種ハンドブック,地人書館, xvi+4+390pp.
2) ISSG (Invasive Species Specialist Group), 2000 : 100 of the World's Worst Invasive Alien Species: A Selection from the Global Invasive Species Database. IUCN (The World Conservation Union) - SSC (Species Survival Commission). 11pp. [http://www.issg.org/booklet.pdf].
3) 石井信夫, 2003:奄美大島のマングース駆除事業－特に生息数の推定と駆除の効果について,保全生態学研究, 8, 73-82.
4) 小倉 剛・佐々木健志・当山昌直・嵩原健二・仲地 学・石橋 治・川島由次・織田鉄一, 2002:沖縄島北部に生息するジャワマングース(*Herpestes javanicum*)の食性と在来種への影響,哺乳類科学, 42, 53-62.
5) 池田 透, 2000:移入アライグマの管理に向けて,保全生態学研究, 5, 159-179.
6) 池田 透, 2000:野幌森林公園におけるアライグマ問題について,森林保護, 242, 28-29.
7) 池田 透, 2002:アライグマ～ペットが引き起こした惨状,外来種ハンドブック(日本生態学会編),地人書館, 70.
8) 苅部治紀・須田真一, 2004:グリーンアノールによる小笠原の在来昆虫への影響(予報),神奈川県立生命の星・地球博物館年報, 10, 21-30.
9) 太田英利, 1995:琉球列島における爬虫・両生類の移入,沖縄島嶼研究, 13, 63-78.
10) 草野 保, 2002:オオヒキガエル～害虫駆除目的で熱帯・亜熱帯の島へ,外来種ハンドブック(日本生態学会編),地人書館, 105.
11) 鳥居春己, 2002:ハクビシン～忘れられた謎の外来種,外来種ハンドブック(日本生態学会編),地人書館, 74pp.
12) 環境省(編), 2004:ブラックバス・ブルーギルが在来生物群集及び生態系に与える影響と対策,(財)自然環境研究センター, iv+226pp.
13) 日本魚類学会自然保護委員会外来魚問題専門部会, 2005:日本におけるオオクチバスの拡大要因,第3回特定外来生物等分類群専門家グループ会合(魚類)オオクチバス小グループ会合議事次第瀬能委員資料(環境省), http://www.env.go.jp/nature/intro/sentei/fin_bass03/ext01.pdf.
14) 中井克樹, 2004:ブラックバス等の外来魚による生態的影響,用水と排水, 46, 48-56.
15) 高橋清孝, 2002:オオクチバスの魚類群集への影響－伊豆沼・内沼を例に,川と湖沼の侵略者ブラックバス－その生物学と生態系への影響(日本魚類学会自然保護委員会編),恒星社厚生閣, 47-59.
16) 環境省自然環境局野生生物課(編), 2003:汽水・淡水魚類,改訂・日本の絶滅のおそれのある野生生物－レッドデータブック, 4,(財)自然環境研究センター, 230pp.
17) 環境省, 2005:オオクチバス小グループ:オオクチバスの取扱いについて(案),第4回特定外来生物等分類群専門家グループ会合(魚類)オオクチバス小グループ会合議事次第, http://www.env.go.jp/nature/intro/sentei/fin_bass04/mat03.pdf.
18) (財)日本釣振興会, 2005:日釣振のバス問題に対する現在の考え方,第4回特定外来生物等分類群専門家グループ会合(魚類)オオクチバス小グループ会合議事次第,環境省, http://www.env.go.jp/nature/intro/sentei/fin_bass04/ext02.pdf.
19) 環境省, 2005:第2回特定外来生物等分類群専門家グループ会合(魚類)議事録, http://www.env.go.jp/nature/intro/sentei/fin02/index.html.
20) 環境省, 2005:第2回特定外来生物等専門家会合議事録, http://www.env.go.jp/nature/intro/sentei/02/indexb.html.
21) 環境省, 2005:特定外来生物等の選定について(平成17年1月31日特定外来生物等専門家会合),特定外来生物等の選定について, http://www.env.go.jp/nature/intro/sentei/02/index.html.
22) 環境省, 2005:パブリックコメントの結果について,報道発表資料平成17年4月5日特定外来生物等の選定に係る意見募集(パブリックコメント)の結果について, http://www.env.go.jp/info/iken/result/h170302b/r01.html.

23）環境省，2006：特定外来生物による生態系等に係る被害の防止に関する法律施行令（平成十七年政令第百六十九号），http://www.env.go.jp/nature/intro/sekourei.pdf.
24）環境省，2006：特定外来生物による生態系等に係る被害の防止に関する法律施行規則（平成十七年五月二十五日農林水産省環境省令第二号），http://www.env.go.jp/nature/intro/kisoku.pdf.
25）環境省，2005：オオクチバス等に係る防除の指針，http://www.env.go.jp/nature/intro/shishin_bass.pdf.
26）東北地方環境事務所，2006：ブラックバス駆除マニュアルの作成，http://tohoku.env.go.jp/to_2006/0424a.html.
27）環境省東北地方環境事務所・財団法人宮城県伊豆沼・内沼環境保全財団（編），2006：ブラックバス駆除マニュアル～伊豆沼方式オオクチバス駆除の実際～，．環境省東北地方環境事務所，96 pp.＋DVD（映像編）．
28）日本魚類学会，2005：生物多様性の保全をめざした魚類の放流ガイドライン，http://www.fish-isj.jp/nature/guideline/index.html.

拡がるブラックバス被害

2

2・1
オオクチバスが魚類群集に与える影響

高橋 清孝

　伊豆沼および隣接する内沼は，面積がそれぞれ3.69km^{2}および1.22km^2 [1]，栗原市と登米市にまたがる宮城県下最大の天然湖沼で，水深は1～2m，底質は泥あるいは砂である．多くの動植物が分布生息し，特に水鳥の飛来数が多いことからラムサール条約の登録地の指定を受けている．

　両方の沼では，正組合員183名（平成12年度伊豆沼漁協総会資料）を有する伊豆沼漁業協同組合が内水面漁業を営んでおり，淡水魚類の漁獲量は県下最大で，1995年まで年間30t以上の水揚げがあった．しかし，1996年に小型定置網にオオクチバスが初めて入網し，その後毎年，大量のバスが入網するようになった．これとともに，漁協の総漁獲量が急激に減少した．このため，漁協はバスを定置網や刺網で漁獲し，その資源抑制に努めているが，依然として漁獲の低迷が続いている．

　伊豆沼の魚類資源を回復させるためには，資源の減少実態を明らかにした上で，バスの駆除や貴重な魚の保護策を検討する必要がある．伊豆沼では1988年と1992年に宮城県保健環境部[2,3]により魚類相調査が実施されている．ここでは，1995年以降に宮城県内水面水産試験場などが実施した漁獲統計，魚種組成，全長組成，漁場分布および胃内容物などの調査結果[4,5]を基にして，バスの増加が魚類群集へおよぼした影響を検討した．

1. 漁獲量の推移

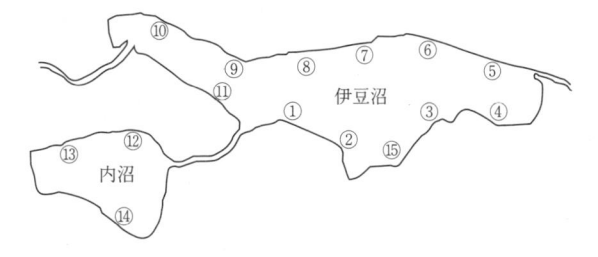

図2・1　伊豆沼の定置網漁獲物調査点図

　農林統計や漁協資料を用いて漁獲量の推移を調べた．

　伊豆沼漁業協同組合の漁獲量は農林統計によると1995年まで30～40tで推移していたが，1996年に約20t，1997～1999年には11～13tに減少した（図2・2）．1995年までのタナゴ類（統計上の銘柄はビラカ；タイリクバラタナゴとゼニタナゴを主体とするタナゴ亜科の総称）の漁獲量は5～11tであったが，1996年に0.8tに急減した．また，モツゴ類（統計上の銘柄はヒガイ；モツゴ，タモロコ，ビワヒガイの総称）

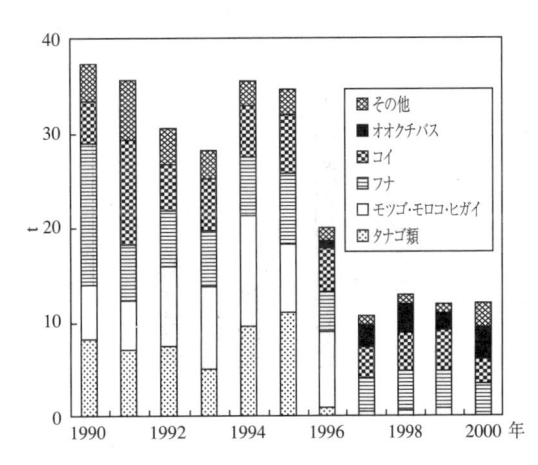

図2・2　伊豆沼における魚種別漁獲量の年変化

の漁獲量は1996年まで5〜12tであったが，1997〜1999年には0.3〜0.5tときわめて低水準になった．ワカサギは1997年までに0.6〜1.2tが漁獲されていたが，1998年および1999年には0.2tおよび0.1tに減少した．一方，バスは1992年に220kgの漁獲があった後，1996年に700kgが漁獲されるまで漁獲はなかったが，1997〜1999年に急増して毎年2〜3tが漁獲されるようになった．

2．魚種組成と全長組成の変化

伊豆沼・内沼の5〜13ケ統の定置網において1995年，1996年および2000年の5月および10月の調査日に入網した全量を調査した．

これまでの魚類相調査[2,3]や1995年と1996年の定置網漁獲物調査で出現していたゼニタナゴ，メダカ，ヨシノボリ類，ジュズカケハゼが2000年の2回の調査で確認されなかった（図2・3，表2・1）．これらの魚類について生息の有無を判断するためには，ほかの漁具採集を含めた広範囲な調査を必要とするが，少なくとも生息数は大きく減少しているものと考えられた．特に，伊豆沼のゼニタナゴは絶滅危惧種であるにもかかわらず1995年までは生息数が多く，減少し始めた1996年の調査でも定置網1ケ統1日当たり580尾が漁獲された．しかし，現在，伊豆沼では30〜40ケ統の小型定置網が常時設置されているが，毎日操業している定置網漁業者も2000年春以来2001年末までゼニタナゴをまったく確認しておらず，絶滅が危惧されている．

また，タイリクバラタナゴとモツゴは1996年に定置網1ケ統1日当たりの漁獲尾数がもっとも多く，これらは優占的な魚種であった．しかし，2000年におけるタイリクバラタナゴの定置網1ケ統1日当たりの漁獲尾数は1996年の1/450，同様にモツゴが1/15に，それぞれ，減少し，資源水準は著しく低下した（図2・4）．ゲンゴロウブナやワカサギの漁獲尾数も大幅に減少し，ワカサギは2000年10月の調査で確認することができなくなった．

一方，バスは1996年の調査で1ケ統1日当たりの漁獲尾数が2回の平均で0.1尾と少なかったが，2000年には4.9尾に増加した．また，ウグイも同様に1996年が0.4尾であったが2000年には11.4尾に増加した．

1996年と2000年5月の調査における主要8種の全長組成を図2・5に示した．

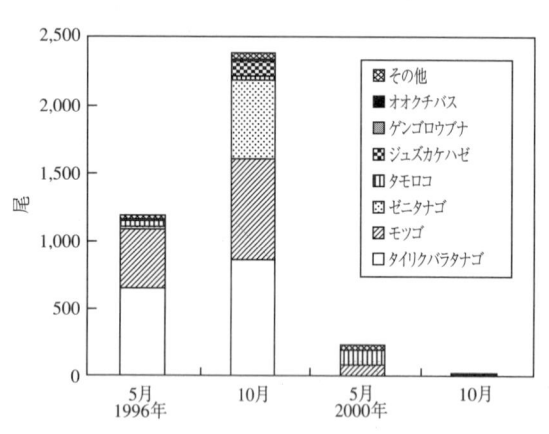

図2・3　定置網1ケ統当たり魚種別漁獲尾数

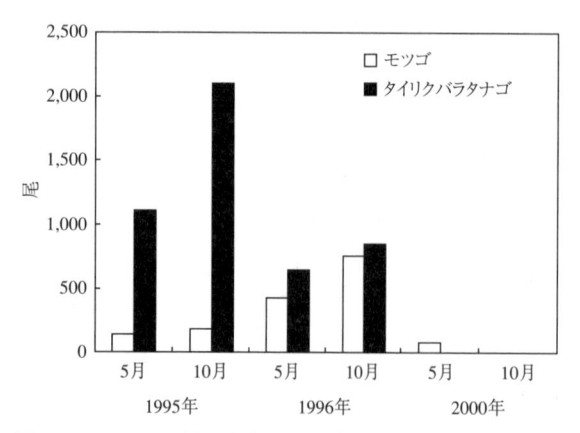

図2・4　1995〜2000年におけるモツゴとタイリクバラタナゴの定置網1ケ統1日当たり漁獲尾数の推移

表2・1　伊豆沼・内沼の定置網調査で出現した魚種

魚種／調査定置網数	1995年 5月 5	1995年 10月 2	1996年 5月 13	1996年 10月 13	2000年 5月 12	2000年 10月 12
ウナギ			○			
ワカサギ	○	○	○	○	○	×
ウグイ	○	○	○	○	○	○
オイカワ	○	○	○	○	○	○
ビワヒガイ	○					
ゼゼラ			○			
タモロコ	○	○	○	○	○	○
モツゴ	○	○	○	○	○	○
ハス					○	
ニゴイ	○		○	○	○	○
コイ	○					
キンブナ						
ギンブナ	○	○	○	○	○	○
ゲンゴロウブナ	○	○	○	○	○	○
タイリクバラタナゴ	○	○				
タナゴ			○	○	○	○
ゼニタナゴ		○	○	○	×	×
ドジョウ	○	○	○	○	○	○
シマドジョウ			○		○	
ナマズ			○	○	○	
ギバチ					○	
メダカ			○	○	×	×
カムルチー	○		○		○	○
オオクチバス	○			○	○	○
ヌマチチブ	○		○		○	
ヨシノボリ類	○		○	○	×	×
ジュズカケハゼ	○	○	○	○	×	×

○：出現魚種，
×：1995〜1996年調査で出現したが2000年調査で出現しなかった魚種

　ワカサギ，モツゴおよびタモロコは，1996年の全長分布のモードが，それぞれ，7cm，3cmおよび5cmであったのに対し，2000年では，それぞれ，10cm，7cmおよび7cmと明らかに大型化した．ゲンゴロウブナとカムルチーも，1996年の全長モードが，それぞれ，12〜13cmと35〜40cmであったが，2000年にはゲンゴロウブナでは20cm以上，カムルチーは40cm以上の個体が多く漁獲され，逆に小型魚の漁獲割合は減少した．

　一方，ウグイは1996年に12cm以上の大型魚主体であったが，2000年には12cm以下の稚・幼魚が主体となった．さらに，1996年に漁獲されたバスは12〜22cmと小型魚主体であった（一部投網および刺網調査を含む）が，2000年には8〜34cmと広範囲な組成となった．

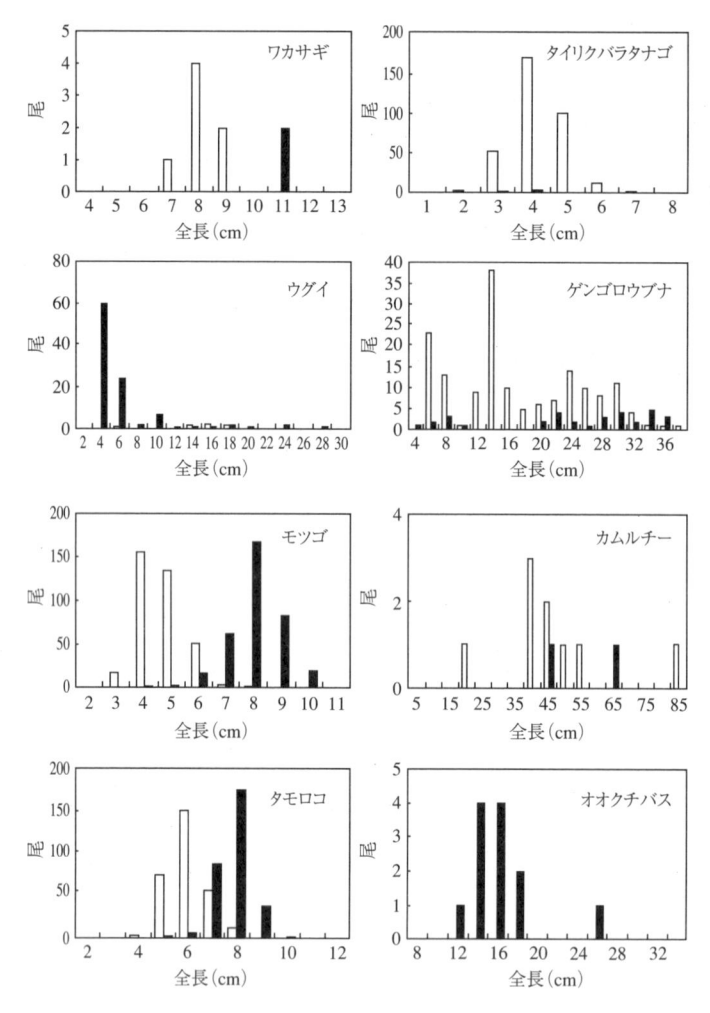

図2・5　1996年および2000年5月の定置網調査で漁獲した主要魚種の全長組成
■：2000，□：1996

3．バス稚魚の出現とその食性

バス稚魚の生態を調べるため2002年に三角網による採集と定置網漁獲物調査を定期的に実施した．

6月上旬に伊豆沼南岸の砂底質の水域で三角網により体長10〜15mmのバス稚魚が集中的に大量採集され，この水域が主産卵場と推定された．定置網漁獲物調査では6月中旬から産卵場周辺（図2・1中⑮）で体長15〜23mmの小型稚魚が1ケ統1日当たり6,000〜17,000尾入網した（図2・6）．6月18日からは周辺漁場（図2・1中④）や対岸漁場（図2・1中⑦）の定置網にも入網し，特に，対岸漁場で漁獲された稚魚はほとんどが体長20mm以上で明らかに産卵場のそれより大形であった（図2・7）．しかし，6月下旬から産卵場周辺の定置網における稚魚の入網数は減少し，逆に周辺漁場や対岸漁場の定置網に入網する稚魚の割合が増加した．これらのことから，バス稚魚は20mm前後になると産卵場から周辺漁場へ移動分散するものと考えられた．

三角網で採集したバス稚魚の胃内容物を調べたところ，体長15～20mmではミジンコ類が主体であったが，20mm以上ではコイ科仔魚，30mm以上ではコイ科稚魚が主体であった（図2・8）．したがって，南岸の産卵場で大量発生したバス稚魚は成長にともなってコイ科仔魚・稚魚へ食性を変化させ，これらを大量に捕食しながら生息場を沼全体へ拡大していくものと考えられた．バス稚魚が専らコイ科魚類仔稚魚を捕食している事例は琵琶湖でも認められている[6]．

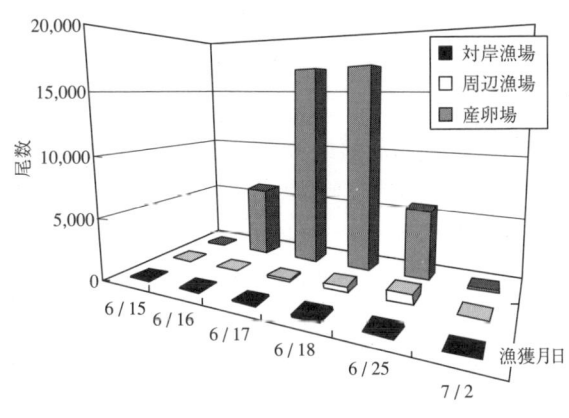

図2・6　産卵場と周辺漁場におけるバス稚魚漁獲尾数

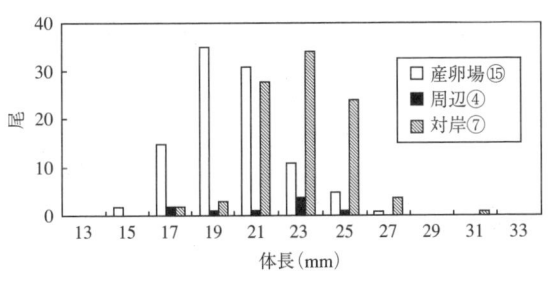

図2・7　産卵場⑮，周辺漁場④および対岸⑦の定置網で漁獲されたオオクチバス稚魚の体長組成（6月18日）におけるバス稚魚漁獲尾数
　　　　〇内数字は図2・1における定置網の位置を示す．

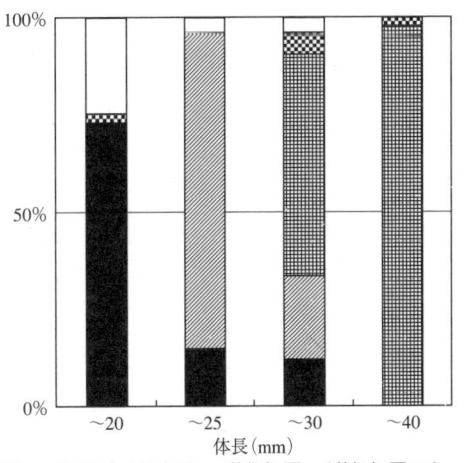

図2・8　オオクチバス稚魚の胃内容物重量組成

4．コイ科魚類における稚魚の減少と資源水準の低下

　バスは1992年に220kgの漁獲があった後，1996年に700kg漁獲されるまで漁獲はなかった．1996年5月の調査ではバスが定置網により2尾，投網と刺網により5尾漁獲されているが，これらはすべて全長22cm以下であった．漁業者も1996年には小型のバスが主体であったことを確認しており，これらのことから，1996年に出現したバスは1歳魚主体と推定された．1歳魚は春から冬にかけて130～500gの範囲で成長するので，少なくとも2,000尾以上が漁獲され，その数倍のバスが伊豆沼に生息していたと推定されるため，これらがすべて放流によるものとは考えにくいので，1995年に再生産した魚である可能性が高い．

　これ以降，伊豆沼では漁業者が毎年バス稚魚の発生を認めるようになり，2000年の調査では稚魚から成魚までの広範囲な全長分布が観察された．さらに，2001年には産卵場周辺の定置網へ大量の

稚魚が入網し，これらは20mm以上に成長すると広範囲に移動しながらコイ科魚類の仔・稚魚を捕食することが明らかになった．大量発生したバス稚魚による捕食の結果，モツゴ，タモロコ，ゲンゴロウブナなどのコイ科魚類では，大形化すなわち稚魚が減少して資源水準が低下したと考えられる．同時に春～夏季のバス稚魚による食害は産卵期のワカサギ，カムルチーなどにも同様の影響をおよぼしたと推定される．

5．タナゴ類の減少

漁獲統計から1996年以降の伊豆沼漁協における漁獲量の減少は，バス以外の主要魚種の中でもタナゴ類とモツゴ類の急減によるところが大きい．これらの漁獲量は1995年まで安定的に推移し年変動は小さかったが，タナゴ類はほかの魚に先駆けて1996年に，モツゴ類は1997年に急減した．

タナゴ類の主要な魚種はタイリクバラタナゴとゼニタナゴで，これらは1995年以前に漁獲尾数が多かったが，1996年以降は漁獲量が激減し，2000年には両者とも壊滅状態となり，特にゼニタナゴは，絶滅が懸念されている．この間，伊豆沼の水質に大きな変化は認められず[7]，カラスガイなどタナゴ類の産卵基質となる二枚貝の大量へい死も認められていない．また，ブラックバスの侵入は絶滅危惧種のミヤコタナゴ，ニッポンバラタナゴ，イタセンパラなどタナゴ亜科の魚の生息に深刻な影響を与えると考えられている[8, 9, 10]．これらのことから，ゼニタナゴとタイリクバラタナゴの減少はバスの捕食によるものと推定された．さらに，タイリクバラタナゴの全長分布は1995年と1996年の間で変化がみられないことから，成魚もバスにより捕食されている可能性がある．

6．モツゴの減少

漁獲統計でモツゴ類として扱われている魚種は，モツゴ，タモロコおよびビワヒガイである．定置網調査によるとタモロコやビワヒガイは調査期間中漁獲尾数が比較的少なく大きな変化がみられなかったため，モツゴ類の減少は大部分がモツゴの減少によるものと判断された．モツゴはタナゴ類より1年遅れて1997年から減少し始め，2000年の資源水準は1996年の1/15に低下した．モツゴの全長分布は2000年に稚魚がきわめて減少して明瞭な大型化現象を示したことから，モツゴ資源の減少はバスによる稚魚期の捕食が原因と推定された．

7．そのほかの魚の減少

1996年まで漁獲尾数が多かったジュズカケハゼやヨシノボリ類は，2006年の調査で出現しなかったが，これらのハゼ科魚類はバスに捕食されやすいことが知られている[6]．また，絶滅危惧種のメダカも確認されず，生息尾数が減少しているものと考えられる．

一方，統計上フナ類とコイは1996年以降も顕著な減少傾向を示さなかった．定置網で多獲されるゲンゴロウブナでは1ケ統1日当たりの漁獲尾数が減少し大型魚の割合が増加していた．したがって，ゲンゴロウブナは，資源水準の低下により定置網の漁獲尾数が減少したものの，大型化したことにより平年並みの漁獲が維持されていると考えられる．

8. 増加した魚

2000年の調査でウグイが，2003年の調査でオイカワとカネヒラの増加がみられた．ウグイは全長組成の変化から，明らかに小型魚が増加しており，順調に再生産していることが伺える．ウグイの産卵場は，河川中流域の砂礫地帯であることから，ふ化仔稚魚はバスの生息域以外で成長し，捕食から免れていると推定される．オイカワもウグイと産卵生態が類似しているため，同様の原因で増加したと考えられる．

一方，カネヒラはゼニタナゴが姿を消した2000年6月以降の調査で出現し，2001年に増加して，普通に採取されるようになった．カネヒラは秋に産卵し，ふ化仔魚はイシガイなど二枚貝の中で越冬し，春に浮上する．5月下旬に伊豆沼で採取したカネヒラ50尾の全長は13mm以上で[11]，その後も急速に成長した．5～6月，カネヒラ稚魚（当歳魚）はバス稚魚とほぼ同等に成長することで，バス稚魚による食害を免れていると判断される．また，飼育観察により，カネヒラはほかのタナゴ類にくらべてきわめて俊敏かつ活発に遊泳することは明らかであり，バス大型魚の捕食に対してもある程度対応が可能と推察される．バスが増加した池沼で個体数を維持しているタナゴ類はカネヒラのみであり，伊豆沼で2000年以降に増加したカネヒラは定着しつつあり[11, 12]，バス資源抑制後に生態系を復元する過程でほかのタナゴ類との競合が懸念される．

これらの現象は，ふ化直後から稚魚期の初期生活史において，バス稚魚による食害の影響が小さい魚種ほど生息数が大きく減少しないことを意味し，同時に，伊豆沼における魚類の全体的な減少は稚魚期におけるバスの食害に起因しているとする筆者らの考えを強く支持している．

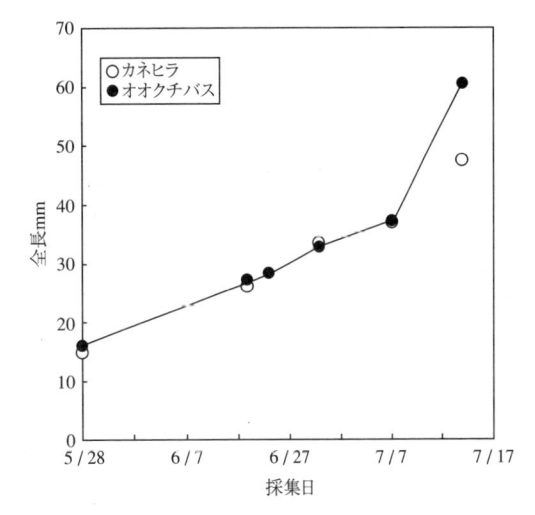

図2·9 カネヒラとオオクチバス稚魚平均全長の推移（2003年）
（カネヒラ5月のデータは2001年のデータを使用）

9. 対　策

以上に述べたように1996～2000年の間に伊豆沼・内沼で魚類が劇的に減少した主な原因は，爆発的に増加したバスの捕食によると考えられる．さらに，その後精力的に展開された魚類以外の研究により，1996年に始まった小型魚の減少は貝類[13]や鳥類[14, 15]の減少をもたらし，バスの食害が魚類以外の動物に深刻な影響を与えていることが初めて明らかにされた．定量的な解析はされていないが，スジエビやヌカエビなど甲殻類もほとんど消滅し，トンボ類の幼虫（ヤゴ）など水生昆虫も数多く捕食されているので影響が懸念される．これらのことから，バス食害の影響は生態系全体に及んでおり，特に伊豆沼・内沼はラムサール条約に指定登録されている聖域であることから，対策が急がれる．

伊豆沼・内沼の生態系復元でもっとも重要なのは，モツゴ，タナゴ類およびハゼ科魚類など小型魚の復元である．これらの魚類はプランクトンや植物残渣を食べて水質安定に寄与し，ウナギなど大型魚類や鳥類の餌となり，カラスガイなど二枚貝幼生を運んだりするなど，多様な役割を演じて沼の生

態系を支えてきた．バスの食害を軽減し，小型魚や甲殻類の生息量を1995年の水準まで復元することで，餌料生物を増加させて，これまでに減少した生物を蘇らせることが可能になると考えられる．

バスの資源抑制には，これまでに定置網，刺網，釣りなどによりバスの駆除と5～6月の産卵期に産卵場を破壊することが有効といわれている[16]（3・1参照）．伊豆沼では大量発生したバス稚魚による食害が小型魚類の繁殖を妨げていることから，食害の軽減にはバスの繁殖阻止がもっとも有効と考えられる．

多くの国々で在来種に影響をおよぼす外来魚が問題になっており，特にアフリカのヴィクトリア湖ではナイルパーチの移殖と急増によりおよそ200種のカワスズメ科の魚が絶滅したと考えられている[17, 18]．絶滅種のほとんどが固有種で，現在ではその生態的役割は別種に置き換えられている場合が多いという．伊豆沼ではゼニタナゴ，メダカ，ジュズカケハゼが2000年以降，確認されていない．これらの貴重な在来種の復元も重要な課題である．特に，絶滅危惧種のゼニタナゴ，タナゴ，メダカなどについては，伊豆沼で繁殖可能となるまでの緊急的な措置として，ため池などを利用して隔離保存することも検討する必要がある．

一方，伊豆沼・内沼の水質はコイ科魚類の生息に問題がない程度に維持されているものの，良好とはいえない状況にあるので改善が必要と考えられる．また，1996年以降における魚類の減少には，1997年夏期の異常増水によるハス（スイレン科）の枯渇も拍車をかけた可能性がある．現在，ハスは十分回復しておらず幼稚魚やタナゴ類が捕食されやすい状況にあり資源回復を妨げている一要因になっていると推察される．コイ科魚類などの稚魚をバスの捕食から守って繁殖を促すためには，水草が適正に繁茂している必要があるので，ハスを適正量まで回復するための努力も重要である．

引用文献

1) 設楽 寛，1992：伊豆沼・内沼の自然条件，伊豆沼・内沼環境保全学術調査報告書（伊豆沼・内沼環境保全学術調査委員会編），1-3．
2) 高取知男，1988：伊豆沼・内沼の魚類，伊豆沼・内沼環境保全学術調査報告書（伊豆沼・内沼環境保全学術調査委員会編），303-314．
3) 高取知男，1992：伊豆沼・内沼の動物相，魚類，伊豆沼・内沼環境保全学術調査報告書（伊豆沼・内沼環境保全学術調査委員会編），94-114．
4) 高橋清孝・小野寺毅・熊谷 明，2001：伊豆沼・内沼におけるオオクチバスの出現と定置網魚種組成の変化，宮城県水産試験研究報告，1，11-18．
5) 高橋清孝，2002：オオクチバスによる魚類群集への影響，川と湖沼の侵略者ブラックバスその生物学と生態系への影響（日本魚類学会自然保護委員会編），恒星社厚生閣，47-59．
6) 山中 治，1989：食性，滋賀県水産試験場研究報告（昭和60～62年度バス対策総合調査研究報告書），40，79-83．
7) 宮城県，1999：湖沼の環境基準点・補助点水質の経年変化，平成10年度公共用水域及び地下水水質測定結果報告書，28-29．
8) 望月賢二，1997：ミヤコタナゴ，日本の希少淡水魚の現状と系統保存，緑書房，64-75．
9) 長田芳和，1997：ニッポンバラタナゴ，日本の希少淡水魚の現状と系統保存，緑書房，76-85．
10) 田中 晋，1997：イタセンパラ，日本の希少淡水魚の現状と系統保存，緑書房，86-94．
11) 高橋清孝，2004：カネヒラ，宮城の淡水魚，宮城県内水面水産試験場，44．
12) 小畑千賀氏，2006：伊豆沼におけるバス駆除とその効果，本書，89-93．
13) 新東健太郎，2006：伊豆沼・内沼におけるゼニタナゴと二枚貝の生息状況，本書，43-47．
14) 嶋田哲郎，2005：オオクチバス急増にともなう魚類群集の変化が水鳥群集に与えた影響，Strix，23，39-50．
15) 嶋田哲郎，2006：オオクチバスが水鳥群集に与える影響，本書，37-42．
16) 太田滋規，1992：繁殖阻止による資源抑制，ブラックバスとブルーギルのすべて，全国内水面漁業協同組合連合会，181-191．
17) 中井克樹，2001：魚類における外来種問題，移入・外来・侵入種—生物多様性を脅かすもの（川道美枝子・岩槻邦男・堂本暁子編），築地書館，40-155．
18) ゴールドシュミット,T，1999：ダーウインの箱庭ヴィクトリア湖（丸武志訳），草思社，358pp．

2・2
オオクチバスが水鳥群集に与える影響

嶋田 哲郎

　湖沼，河川などに生息する淡水生物群集は，その周囲を生息・移動できない陸域で囲まれているため，外来種の侵入によって深刻な影響を受けることがある[1]．現在，日本の湖沼，河川でもっとも問題になっている外来種は，北米原産で通称ブラックバスと呼ばれるスズキ目サンフィッシュ科のオオクチバスである．バスは全国の都道府県に分布を拡大し[2]，捕食を通じて琵琶湖[3]，深泥池[4]など各地で魚類群集を劇的に変化させたほか，トンボ類など水生昆虫に影響を与えたことが明らかになっている[5]．このような淡水生物群集の変化は食物網の上位にいる水鳥群集にも影響することが予測できる．バスの水鳥群集への影響として，魚食性水鳥類の食物資源の枯渇，ヒナの直接的な捕食，放置されたルアーや釣り糸によって体が傷つけられることなどがあげられている[6]．しかし，これまでバスの水鳥群集への影響を定量的に評価した研究はない．

　宮城県北部にある伊豆沼と内沼は国の天然記念物，国指定伊豆沼鳥獣保護区に指定されているほか，水鳥類の保全を目的としたラムサール条約の登録湿地で，国内有数のガンカモ類の飛来地である．中でも天然記念物マガンは国内飛来数の8割以上が伊豆沼と内沼周辺の宮城県北部で越冬するほか[7]，1年を通じてサギ類など多くの水鳥類が生息する．この沼における水鳥類の保全は最重要課題であり，基礎データを収集する目的で1994年から水鳥類の定期的なモニタリング調査が継続されている．一方で，1996年以降にバスが急増したため，タナゴ類やモツゴ，タモロコなど小型魚種の漁獲量がピーク時の3分の1に激減するなど，沼の魚類群集が大きく変化したことが報告されている[8]．本研究ではバスの侵入前後の1994年から2001年の8年間について，魚類群集の変化にともなう水鳥群集の変化を分析し，バスの水鳥群集への影響を評価した．

　本内容はストリクス23号に掲載された論文[9]を，編集者の了承を得た上で加筆修正したものである．

1．調査地および調査方法

　水鳥類の個体数調査は伊豆沼と内沼（伊豆沼中央：38°43'E，141°06'N，海抜6m，以下，伊豆沼・内沼とする）において，1994年4月〜2002年3月までの8年間に計217回，年間6〜46回（平均27回/年）行なった（図2・10）．個体数をできるだけ正確に計測するため，沼を14ヵ所の調査区に分け，堤防から沼へ向かって1km以内の水域をみられるように定点を設定した．植物の繁茂などによって個体数を計測しにくいときは，定点を移動して調査区内のすべての個体数を把握するように努めた．調査は基本的に午前中に行ない，調査区ごとの定点調査によって得られた数値を種ごとに合計し，その日の個体数とした．群れが大きい場合には，群れサイズに応じて10羽もしくは100羽単位で個体数を計測した．調査の際には，10倍の双眼鏡と30倍の望遠鏡，数個のカウンターを用いた．

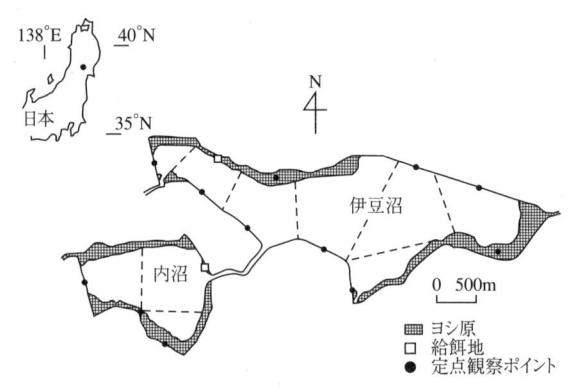

図2·10 調査地．調査は10か所に区分された沼の水域と4カ所の給餌地（□）で行なった

沼で採食や繁殖をする種のうち，個体数の少ない種，夜行性の種を除いた主要な水鳥類として，カイツブリ，カンムリカイツブリ，ダイサギ，コサギ，ホシハジロ，キンクロハジロ，ホオジロガモ，ミコアイサ，カワアイサ，オオバンの10種について分析した．カイツブリ，ダイサギ，コサギ，オオバンの4種については，通年調査の217回のデータを用いた．そのほか6種の水鳥類は冬鳥として飛来するため，11月～3月の越冬期のデータを用いた．通年調査のうち，越冬期の調査回数は8年間に87回，年間3～21回（平均11回/年）であった．

2. 水鳥類の個体数の経年変化

1994年から2001年にかけて水鳥類10種の経年変化をみると，年ごとに増減はあるものの，増加傾向の種はなく，個体数は全体的に減少した（図2·11）．中でもコサギは1994年に18羽を記録したが，2001年には2羽と年ごとに減少した．ミコアイサもコサギと同様に1994年の102羽から2001年の14羽と年ごとに減少した．カイツブリ，オオバン，ホシハジロ，キンクロハジロ，ホオジロガモ，カワアイサは1997年から1998年にかけて個体数が増加し，その後減少した．ダイサギの個体数は1994年に14羽，1999年に15羽と2つのピークがあり，その年以外は少なかった．カンムリカイツブリは1996年まで個体数が増加したが，その後は減少傾向にあった．

3. 大きく減少した水鳥類—カイツブリ，コサギ，ミコアイサ

水鳥類の個体数変化に対するバスの影響を評価するためには，個体数変化が漁獲量の変化によるものか，本来はほかの要因によるもので，見かけ上漁獲量の変化と関係あるようにみえるのかを検討する必要がある．そのため，バス侵入前（1994年，1995年）と侵入後（2000年，2001年）の平均個体数を用いて，減少率（100－バス侵入後の平均個体数／バス侵入前の平均個体数×100）を種ごとに求めた．魚類に依存しない，非魚食性種の減少率をA，魚食性種の減少率をBとし，A＜Bのときに漁獲量の減少によってその種の個体数が減少したと判断した．

水鳥類10種のうち，オオバンは水生植物を主に採食する[10]．キンクロハジロは二枚貝，巻貝，甲殻類，昆虫，魚卵など動物質を，ホシハジロは水草類，藻類，陸上草本類の種子，芽，茎など植物質を採食する選択性を示す[11]．そのため，これら3種を非魚食性種とし，ほかの7種を魚食性種とした．また魚食性7種を採食方法別に分け，カイツブリ，カンムリカイツブリ，ホオジロガモ，ミコアイサ，カワアイサの5種を潜水追跡型水鳥，ダイサギとコサギの2種を水上待伏型水鳥とした．

非魚食性のホシハジロ，キンクロハジロ，オオバンの減少率はそれぞれ58.8％，22.4％，12.0％で平均31.1％であった．魚食性水鳥類7種の減少率をみると，潜水追跡型で減少率がもっとも高かったのはカイツブリの93.1％で，ついでミコアイサの69.0％，カワアイサで38.0％，ホオジロガモ

で25.5％，カンムリカイツブリで22.7％であった（図2·12）．カイツブリとミコアイサの減少率は，非魚食性種の減少率よりも有意に高かった（それぞれ $x_1^2 = 16.5$, $P < 0.0001$, $x_1^2 = 7.4$, $P < 0.01$）．

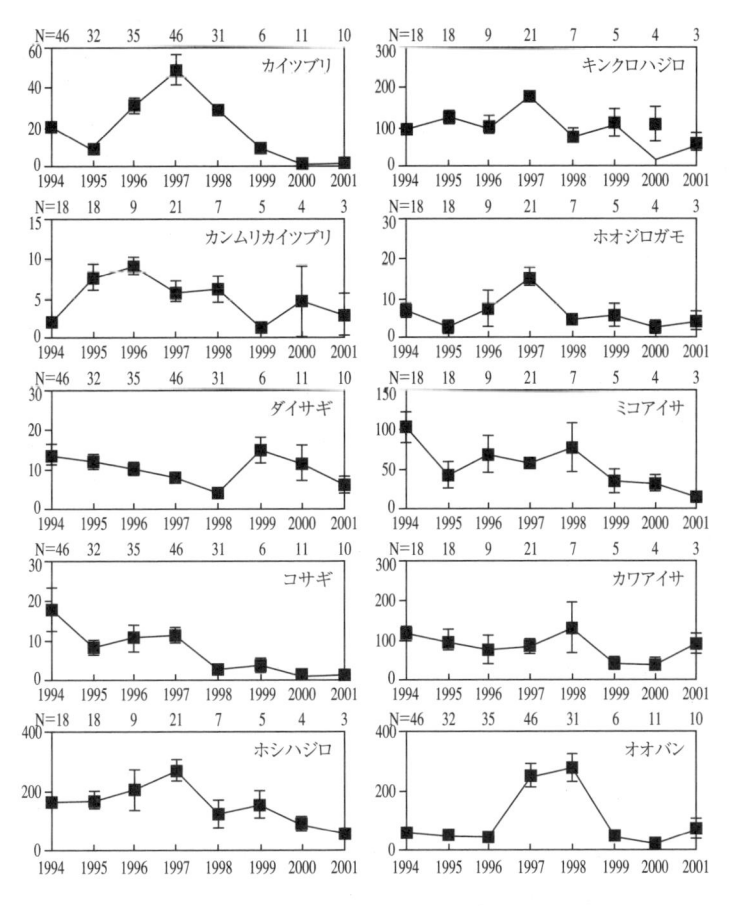

図2·11 水鳥類の個体数の経年変化（平均値±標準誤差）

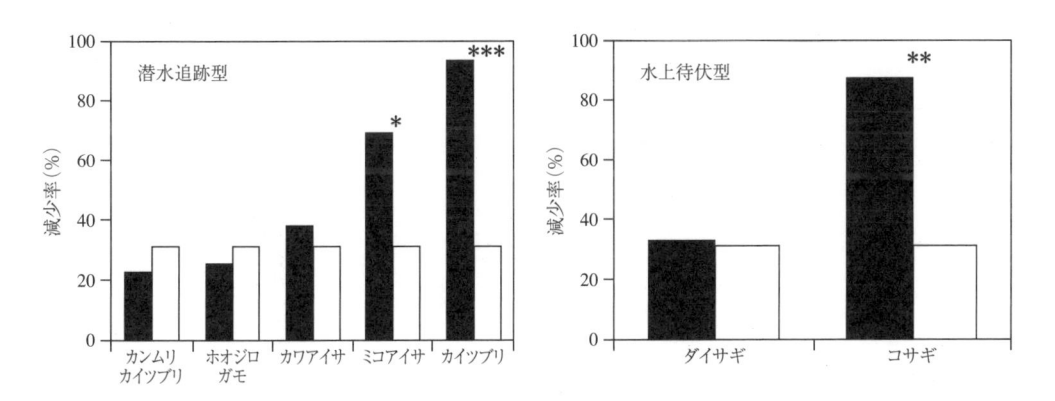

図2·12 魚食性水鳥類7種（■）と非魚食性水鳥類（□）の減少率の比較
（左：潜水追跡型水鳥，右：水上待伏型水鳥，x^2-test：*；$P < 0.01$, **；$P < 0.001$, ***；$P < 0.0001$）

水上待伏型では，ダイサギ32.8％，コサギ87.3％の減少率で，コサギの減少率は非魚食性種の減少率よりも有意に高かった（$x_1^2 = 14.1$, $P < 0.001$）．また，魚食性水鳥類7種の最大嘴峰長[12]と減少率の関係をみると，潜水追跡型，水上待伏型ともにくちばしの短い種ほど減少率の高い傾向が認められた（図2・13）．

千葉県小櫃川河口干潟で調べられたコサギの餌サイズでは，2.5cmより小さい餌の割合がもっとも高く，最大7.5cmまでの魚類を採食した一方で，ダイサギでは5cmの餌の割合がもっとも高く，最大20cmまでと，コサギより大型の魚類を採食した[13]．このことはくちばしの短い種ほど小さなサイズの餌を選択することを示している．すなわち，くちばしの短い3種に適したサイズの小型魚種がバスの捕食によって減少し，その結果，3種の個体数が減少したと考えられる．

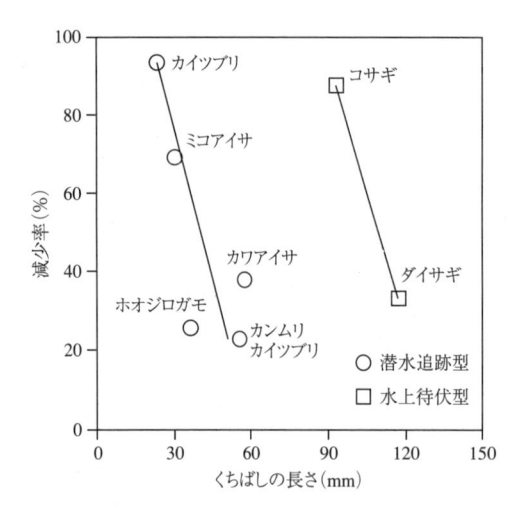

図2・13　魚食性水鳥7種のくちばしの長さと減少率との関係．○：潜水追跡型，□：水上待伏型

4．コサギの減少

高橋[8]のデータを改変し，最大サイズに達した成魚の全長を基準に（表2・2）[14]，小型魚種（〜20cm），中型魚種（〜40cm），大型魚種（40cm〜）ごとの漁獲量を求め，サイズ別漁獲量と平均個体数の関係を分析した．その結果，コサギでのみ，小型魚種が減少すると，個体数が減少するという有意な正の相関が認められた（Kendallの順位相関，$N = 7$, $\tau = 0.81$, $P < 0.05$, 図2・14）．また，有意差はなかったものの，ダイサギ，カワアイサ，ミコアイサでは小型魚種の減少とともに個体数が減少する傾向が認められた．

表2・2　魚類のサイズ別区分

		全長（cm）*
小型魚種	タイリクバラタナゴ	6〜8
	ゼニタナゴ	7〜9
	タナゴ	6〜10
	モツゴ	8
	タモロコ	10
	ビワヒガイ	15〜20
	ワカサギ	14
	ドジョウ	11〜12
中型魚種	ギンブナ	25
	ゲンゴロウブナ	40
大型魚種	コイ	60
	カムルチー	30〜80
	オオクチバス	30〜50
	ウナギ	100
	ナマズ	30〜60

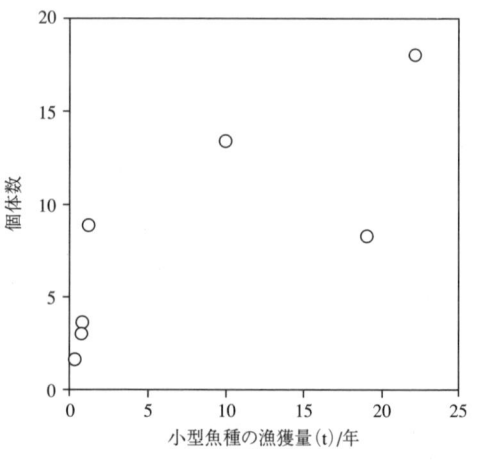

図2・14　小型魚種の漁獲量とコサギの個体数の関係

新潟県中之島町で調べられたコサギは，ハス田では主に底生魚のドジョウを歩行法で採食し，河川では遊泳魚のヤリタナゴやタイリクバラタナゴなどを待伏法で採食した[15]．伊豆沼・内沼の主要な底生魚であるジュズカケハゼやトウヨシノボリなどは1996年までは漁獲されていたが，2000年には漁獲されなかった[8]．バスの捕食によって歩行法による採食に適した底生魚が減少し，待伏法に適したタナゴ類などの小型魚種も減少したため[8]，コサギの個体数は小型魚種の減少とともに有意に減少したと考えられる．

一方で，潜水追跡型のカイツブリとミコアイサはコイ，フナ類，ウグイなども捕食する[16]．バスの侵入によって，最初にエビ類が減少し，その後タナゴ類などの遊泳力の低い魚類が減少するといわれており，伊豆沼・内沼でも遊泳力の高いコイ，フナ類はタナゴ類ほど減少せず，ウグイはむしろ増加傾向にあった[8]．今回の分析では，コイ，フナ類，ウグイとも小型魚種に含まれてなく，これらの稚魚はカイツブリやミコアイサの食物となることが十分に考えられる．すなわち，カイツブリとミコアイサはコサギよりも遊泳力の高い魚類も捕食可能であったため，小型魚種の漁獲量と有意な相関がなかったと考えられる．

5．カイツブリの減少

魚食性水鳥類7種のうち，カイツブリは沼を採食場所としてだけではなく，繁殖場所としても利用する．すなわちカイツブリの個体数変化には食物条件以外にも繁殖条件も影響している可能性がある．最初にバス侵入前の1994/1995年と侵入後の2001/2002年におけるカイツブリの個体数を繁殖期（4〜8月）と非繁殖期（9〜3月）に分けて比較したところ，繁殖期のカイツブリの平均個体数はバス侵入前には18.7羽だったが，侵入後には1.6羽と有意に減少した（$U_{19,4}=1.5$, $P<0.01$, 図2・15）．次にカイツブリの営巣から抱卵期にあたる4〜6月に沼に訪れたバス釣りの人数を調査し，バス侵入前の1994年と侵入後の2004年における1日当たりの人数を比較した．バス釣りの人数は，バス侵入前には0人（$N=12$）だったが，バス侵入後には最大42人，平均23.2人（$N=5$）に増加した．

カイツブリの繁殖期はバス釣りのシーズンに重なる．カイツブリの繁殖場所となるヨシ原などの岸辺近くにはバス釣師が多く集まる上，中には沼内に立ち入ることもある．バスが侵入した青森県の対馬溜池を調査した佐原・山内[17]は，面積や植生などカイツブリの生息に不適当でない環境にもかかわらず，カイツブリが生息しない理由の1つとして，調査時に必ずみられるバス釣師の影響について述べている．竹内[18]もまた，水鳥類の生息に悪影響を与える要因として，池の周囲への釣師の踏み込みをあげている．実際に，池の周囲に釣師などの立ち入る場所が少ない安全な池ほど，水面採食性カモ類など水鳥類の個体数は多い[19]．そのため，バス釣師による繁殖妨害もカイツブリの個体数減少に影響している

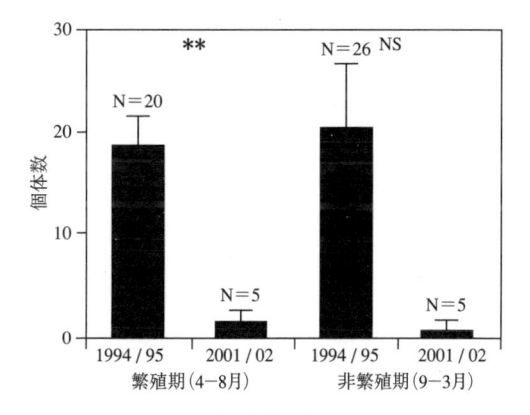

図2・15 オオクチバス侵入前後におけるカイツブリの個体数の比較
（平均値±標準誤差，U-test：＊＊；$P<0.01$）．

可能性がある.

　このようにバスの捕食による小型魚種の減少によってもっとも大きな影響を受けたのはカイツブリ，コサギ，ミコアイサであると考えられる．沼で繁殖もするカイツブリにはバス釣師による繁殖妨害も影響していると考えられる．さらにこれらの種について減少率が高く，有意な相関はなかったものの，小型魚種の減少とともに個体数が減少傾向にあったダイサギとカワアイサが次にバスの影響を受ける種である可能性がある．

引用文献

1) プリマック R.B.・小堀洋美，1997：保全生物学のすすめ，文一総合出版，399pp.
2) 丸山　隆，2002：バスフィッシングと行政対応の在り方，川と湖沼の侵略者ブラックバス（日本魚類学会自然保護委員会編），恒星社厚生閣，99-125.
3) 前畑政善，1993：琵琶湖文化館周辺水域（南湖）における魚類の動向，琵琶湖文化館研究紀要，11，43-49.
4) 細谷和海，2001：日本産淡水魚の保護と外来魚，水環境学会誌，24，273-278.
5) 苅部治紀，2002：オオクチバスが水生昆虫に与える影響―トンボ捕食の事例から，川と湖沼の侵略者ブラックバス（日本魚類学会自然保護委員会編），恒星社厚生閣，61-86.
6) 中井克樹，2002：「ブラックバス問題」の現状と課題，川と湖沼の侵略者ブラックバス（日本魚類学会自然保護委員会編），恒星社厚生閣，127-147.
7) T. Shimada, 2002：Daily activity pattern and habitat use of Greater White-fronted Geese wintering in Japan：factors of the population increase, *Waterbirds*, 25, 371-377.
8) 高橋清孝，2002：オオクチバスによる魚類群集への影響―伊豆沼・内沼を例に，川と湖沼の侵略者ブラックバス（日本魚類学会自然保護委員会編），恒星社厚生閣，47-59.
9) 嶋田哲郎・進東健太郎・高橋清孝・A.Bowman，2005：オオクチバス急増にともなう魚類群集の変化が水鳥群集に与えた影響，*Strix*, 23, 39-50.
10) S.Cramp & K.E.L.Simmons, 1980：Handbook of the birds of Europe, the Middle East and North Africa, 2, Hawks to Bustards, Oxford University Press.
11) 岡奈理子・関谷義男，1997：ハジロ属鳥類（キンクロハジロ，ホシハジロ，スズガモ）の採食行動と食性を中心とする生態．ホシザキグリーン財団研究報告，1，85-97.
12) 小林桂助，1956：原色日本鳥類図鑑，保育社，261pp.
13) H. Tojo, 1996：Habitat selection, foraging behaviour and prey of five heron species in Japan, *Jpn.J.Ornithol*, 45, 141-158.
14) 川那部浩哉・水野信彦（編），1989：日本の淡水魚，山と渓谷社，719pp.
15) 山田　清，1994：餌および採食環境に応じたコサギ*Egretta garzetta*の採食行動と採食なわばり，日本鳥学会誌，42，61-75.
16) S.Cramp & K.E.L.Simmons, 1977：Handbook of the birds of Europe, the Middle East and North Africa, the birds of the Western Palearctic, 1, Ostrich to Ducks, Oxford University Press.
17) 佐原雄二・山内　潤，2003：溜池におけるオオクチバス（*Micropterus salmoides*）当歳魚の成長，青森県自然史研究，8，43-47.
18) 竹内健悟，2000：津軽地方のため池に生息する鳥類，青森県自然史研究，5，29-32.
19) T.Shimada, 2001：Roosting of ducks on open water, resting site selection in relation to safety, *Jpn.J.Ornithol*, 50, 167-174.

2・3
伊豆沼・内沼におけるゼニタナゴと二枚貝の生息現況

進東　健太郎

　ゼニタナゴはコイ科タナゴ亜科に属し，神奈川・新潟県から青森県を除く東北地方の平野部の湖沼や溜池，およびこれらに連なる水路などに生息している．本種は秋に，ほかのタナゴ類同様，イシガイ科の二枚貝内に産卵し，ふ化した仔魚は貝の鰓の中で越冬する．近年，各生息地では河川改修や埋め立て，水質汚濁などにより生息場所や生息数が減少し[1] 我々が知り得る生息場所は全国でも10ヵ所以下になってしまった．環境省指定のレッドリストでは絶滅危惧ⅠB類に指定されているが，生息状況の悪化から本種はこのカテゴリーの中でもっとも危険度の高い魚種と考えられる．

　宮城県北部に位置する伊豆沼・内沼は，ゼニタナゴの生息環境が安定しているため，大量の生息が確認され，[2,3,4] 全国でも最大級の生息地として知られていた．しかし，その後，伊豆沼・内沼ではオオクチバスが急増し[4]，この結果，ゼニタナゴは激減した．

　そこで，オオクチバス急増前後におけるゼニタナゴの繁殖状況の変化を明らかにするため，ゼニタナゴが多くみられた1994年とオオクチバス急増後の2002年におけるゼニタナゴの産卵状況，二枚貝の生息状況の変化を調査した．また，これらの結果から，伊豆沼・内沼におけるゼニタナゴをはじめとした魚貝類の復元に向けた保護策を検討した．

1．ゼニタナゴの産卵状況

　伊豆沼東岸の沼口と南岸の彦道の2ヵ所の調査区を設定し（図2・16），それぞれの調査区で5地点，計10地点において1994年および2004年の12月に，各地点で1m×1m方形枠を用い5m^{2}ずつ，合計50m^{2}の範囲を調査した．方形枠内の二枚貝をすべて採集し，生息密度を調べた．次に，採集した二枚貝の殻長を計測し殻長組成を求めた．

　さらに，ゼニタナゴによる二枚貝の利用率および貝内の仔魚数を調べることを目的に，開口器を用いて二枚貝の鰓葉を観察し，ゼニタナゴ仔魚の有無を確認した．

　1994年の調査では二枚貝3種すべてでゼニタナゴ仔魚が観察され，産卵基質として利用されていることが確認された．ゼニタナゴの産卵における二枚貝利用率をみると，カラスガイの利用率は17％で，222個体調査した結果38個体で仔魚が確認され，仔魚総数は892個体であった．ドブガイの利用率は21％で，77個体調査した結果16個体で仔魚が確認され，仔魚総数は386個体であった．イシガイの利用率は32％で，38個体調査した結果12個体で仔魚が確認され，仔魚総数はイシガイで129個体であった．ゼニタナゴ

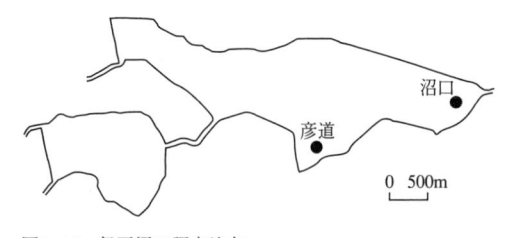

図2・16　伊豆沼の調査地点

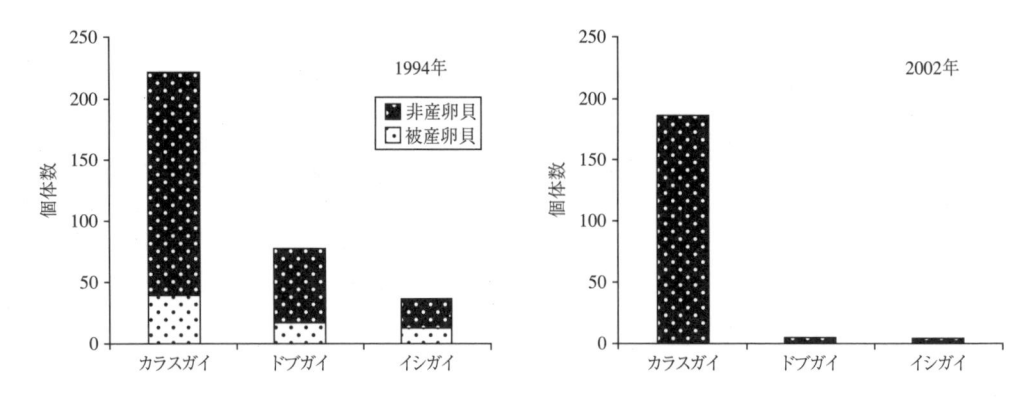

図2・17 ゼニタナゴの産卵における二枚貝の利用状況.

の産卵における二枚貝利用率は，イシガイでもっとも高く，仔魚数はカラスガイで多く確認された（図2・17）.

一方，2002年の調査でゼニタナゴの産卵における二枚貝利用率をみると，カラスガイでは186個体について調査した結果，仔魚はまったく確認されず，利用率は0％となった．ドブガイでは5個体，イシガイで5個体について調査したがカラスガイ同様仔魚はまったく確認されず，利用率は0％であった．

このように，1994年にはゼニタナゴの仔魚が多数みられ，良好に産卵が行なわれていることが確認されたが，2002年にはゼニタナゴの仔魚がまったくみられず，産卵は確認されなかった．

伊豆沼・内沼にはゼニタナゴ，タナゴ，タイリクバラタナゴ，カネヒラが生息し，この中でゼニタナゴとタイリクバラタナゴが優占していた．特に，伊豆沼・内沼では岸辺にゼニタナゴの群れが帯状に観察されるほど生息量が多く，1995年まで国内でもっとも安定した生息地と考えられていた．ゼニタナゴを含むタナゴ類は貴重な漁業資源としても利用され，1995年まで毎年，5〜10tが漁獲されていた．しかし，オオクチバスが急増した1996年に突然タナゴ類の漁獲量は1t以下に急減した．さらに，1997年には230kgに落ち込み，2000年にはついに漁獲が統計上0となった．2000年以降，毎日出漁する漁業者さえ，ゼニタナゴの姿をみることができなくなった．2000年以降，宮城県内水面水産試験場や伊豆沼・内沼環境保全財団が毎年実施している魚類生息調査でもまったく確認されないことから，伊豆沼・内沼のゼニタナゴは全滅した可能性が高い．

ゼニタナゴは秋に産卵し，仔魚は二枚貝の鰓葉内で越冬し，翌春6月上旬〜下旬にかけ全長7.5〜8.0mmで二枚貝から泳出する．伊豆沼・内沼では，6〜7月に水際のヨシ帯周辺などの水面付近で群れを作る．この時期に同じ場所で大量のオオクチバス稚魚が浮上し，コイ科の仔稚魚を捕食することが明らかとなっており[4]，ゼニタナゴの仔稚魚も捕食されたと考えられる．特に，二枚貝より泳出後間もないゼニタナゴ仔魚は，表層近くで静止あるいは静かに泳ぐ程度であるため[5]，捕食される頻度がきわめて高い．また，伊豆沼・内沼に生息するタナゴ類は周年沼の岸辺に生息し，ほかのコイ科魚類の中でも小型で遊泳力も劣るため，捕食圧が高いと考えられる[6]．一方，1994年にはドブガイなど二枚貝の新規加入個体が数多く認められており，ゼニタナゴなどタナゴ類が減少した1996年には産卵基質となる小型貝は十分量生息していたと考えられる．絶滅危惧種のミヤコタナゴ，ニッポンバラ

タナゴ，イタセンパラなどでも，オオクチバスの侵入が深刻な影響をおよぼす事例が報告されている[7, 8, 9]．また，この間，伊豆沼の水質には大きな変化がみられず[10]，産卵基質となる二枚貝の大量死などは確認されていない．これらのことから伊豆沼・内沼におけるゼニタナゴは，急増したオオクチバスにより捕食されたことが原因で減少したと判断される．

2．二枚貝の減少

伊豆沼では両調査年ともにカラスガイ，ドブガイ，イシガイの3種の生息が確認された．1994年に採集した二枚貝の総数は337個体で，カラスガイが222個体ともっと多く，ついでドブガイが77個体，イシガイが38個体となった（図2・18）．1m^{2}当たりの平均個体数は，カラスガイが4.4個体，ドブガイが1.6個体，イシガイが0.7個体である．2002年に採集した二枚貝の総数は196個体で，カラスガイが186個体ともっとも多く，ついでドブガイが5個体，イシガイが5個体となった．1m^{2}当たりの平均個体数は，カラスガイが3.7個体，ドブガイが0.1個体，イシガイが0.1個体である．伊豆

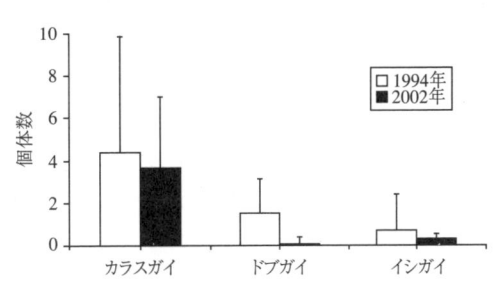

図2・18 伊豆沼・内沼における二枚貝の生息密度（平均値±SD）

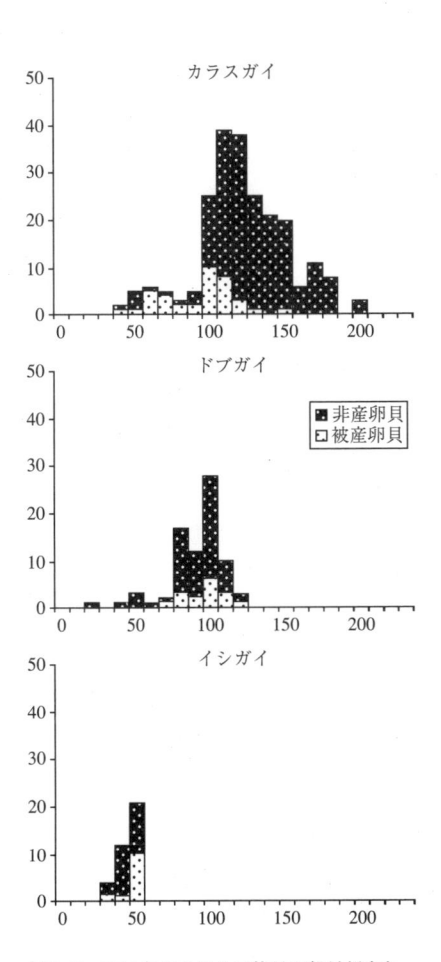

図2・19 1994年における二枚貝の殻長頻度と被産卵貝の殻長頻度

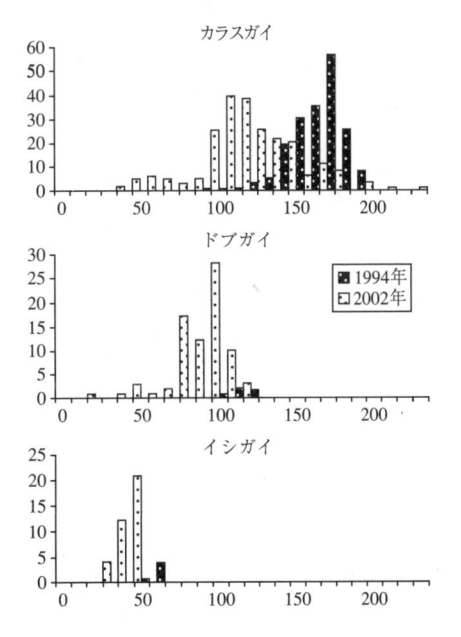

図2・20 1994年および2002年の二枚貝の殻長頻度

沼においてカラスガイは1994年と2002年で若干の減少は確認されたが，大きな変化はみられなかった．しかし，ドブガイおよびイシガイでは2002年に大幅な減少がみられた．

次に，1994年および2002年の調査により採集された二枚貝3種と1994年で産卵が確認された二枚貝の殻長組成を比較した．1994年の殻長範囲は，カラスガイで40〜200mm，ドブガイで20〜120mm，イシガイでは30〜50mmあった（図2・19）．また，ゼニタナゴの産卵が確認された二枚貝の殻長範囲は，カラスガイで40〜150mm，ドブガイでは70〜120mm，イシガイでは30〜50mmであった．ゼニタナゴは40〜130mmの二枚貝に産卵しており，主に100mm前後の二枚貝を利用していた．これに対し，2004年の殻長範囲は，カラスガイで90〜230mm，ドブガイで100〜120mm，イシガイで50〜60mmあった（図2・20）．1994年および2002年での殻長組成を比較すると，二枚貝3種とも新規加入個体すなわち若い個体がみられず，大型化していることが明らかになった．

二枚貝は，雌の外鰓葉で卵が受精し，ふ化したグロキディウム幼生は水中に放出される．その後，幼生は魚類の鰭や鰓などに寄生し，離脱したものが稚貝へと成長する．幼生は，ヨシノボリ類などハゼ科魚類に多く寄生することが知られている[11,12,13]．伊豆沼・内沼で，ヨシノボリ類やヌマチチブ，ジュズカケハゼなどのハゼ科魚類は多く生息していたが[2,3,4]，オオクチバスの急増後，激減した[4]．また，ハゼ科魚類はオオクチバスに捕食されやすいことが知られている[14,15]ことから，伊豆沼・内沼でもオオクチバスの捕食によって減少したと考えられる．これらのことから，ハゼ科魚類など二枚貝の幼生の宿主が減少したため新規加入個体が減少し，老齢化による大型化が進み，個体数が減少した可能性がある．二枚貝は，ゼニタナゴなどタナゴ類の産卵基質として大変重要である．しかし，ゼニタナゴが産卵基質として利用するサイズの二枚貝や新規加入個体が確認されなくなった伊豆沼・内沼では，駆除によりオオクチバスの生息密度を減少させて食害を減らすことに成功しても，このままの状態でゼニタナゴを復元することは困難である．

3．伊豆沼・内沼ゼニタナゴ復元プロジェクト

一般に，外来種の侵入は生物多様性にとって最大の脅威と言われている．このままでは豊かな生態系は崩壊し，在来の生物が生息できないことは明らかである．オオクチバスによって深刻な影響を受けている伊豆沼・内沼の在来の生態系を復元するため，2003年6月3日に宮城県伊豆沼・内沼環境保全財団，宮城県内水面水産試験場，宮城県保健環境センターなど関係機関が集まってゼニタナゴ復元プロジェクトを設立した．当面の目標として，生物の多様性が保たれていた1995年以前の生態系の復元を掲げ，①オオクチバスの駆除，②在来の魚貝類の復元と保全，③植生の復元を保護策の柱とした．①では，オオクチバスの稚魚による在来魚の仔稚魚への捕食を防ぐことがもっとも重要であると考え，オオクチバスの繁殖阻止を目的とし，②では，ゼニタナゴなど在来魚の系統保存を行なえる保全池の整備や，沼内での魚類の保全策，二枚貝の新規加入個体を増やすことを目的とし，③では，過去増水により減少したハス，マコモなどの水生植物群落を回復させることにより，在来魚の生息場所，仔稚魚の生育場所を増やすことを目的としている．

こうして日本の固有種でもあり，伊豆沼・内沼の代表的な在来種であったゼニタナゴをシンボルとした復元プロジェクトが始動した．このプロジェクトのもと，2003年11月6日には伊豆沼・内沼のオオクチバスの被害と対策について公開研究発表会を行ない，ゼニタナゴ研究会と財団の共催でゼニ

タナゴの保護を考えるため，続く2003年11月23日ゼニタナゴシンポジウムを開催した．現在，伊豆沼・内沼ゼニタナゴ復元プロジェクトでは，在来の生態系を復元するため，調査・研究を行ないながら，さまざまな保護活動を行なっている．

引用文献

1) 川那部浩哉・水野信彦，1989：山渓カラー名鑑日本の淡水魚，山と渓谷社，367pp.
2) 高取知男，1988：伊豆沼・内沼の魚類，伊豆沼・内沼環境保全学術調査報告書（伊豆沼・内沼環境保全学術調査委員会編），303-314.
3) 高取知男，1992：伊豆沼・内沼の動物相，魚類，伊豆沼・内沼環境保全学術調査報告書（伊豆沼・内沼環境保全学術調査委員会編），94-114.
4) 高橋清孝，2002：オオクチバスによる魚類群集への影響—伊豆沼・内沼を例に，川と湖沼の侵略者ブラックバス（日本魚類学会自然保護委員会），恒星社厚生閣，47-59.
5) 中村守純，1969：日本のコイ科魚類．1969，455pp，資源科学研究所．
6) 鈴木興道，1988：魚の住みやすい川づくりに資する魚類の生息分布とその場の流速，土木学会論文集，593，II-43，21-29.
7) 望月賢二，1997：ミヤコタナゴ，日本の希少淡水魚の現状と系統保存（長田芳和・細谷和海編），緑書房，64-75.
8) 長田芳和，1997：ニッポンバラタナゴ，日本の希少淡水魚の現状と系統保存（長田芳和・細谷和海編），緑書房，76-85.
9) 田中 晋，1997：イタセンパラ，日本の希少淡水魚の現状と系統保存（長田芳和・細谷和海編），緑書房，86-94.
10) 宮城県，1999：湖沼の環境基準点・補助点水質の経年変化，平成10年度公共用水域及び地下水水質測定結果報告書，28-29.
11) 福原修一・長田芳和・山田卓三，1986：溜池におけるドブガイAnodonta woodianaの幼生の寄生時期とその宿主および寄生部位，Venus，*Japan. Jour. Malac.*，47，271-277.
12) 近藤高貴・橋本真・松村宣也，1996：溜池に生息するヨシノボリへのドブガイ幼生の寄生状況，陸水生物学報，11，25-29.
13) 近藤高貴，1999：用水路と二枚貝の生活，淡水生物の保全生態学（森誠一編著），信山社サイテック，56-62.
14) 山中 治，1989：食性，滋賀県水産試験場研究報告（昭和60～62年度オオクチバス対策総合調査研究報告書），40，79-83.
15) 東 幹夫，1999：外来魚による生態系錯乱，淡水生物の保全生態学（森誠一編著），信山社サイテック，145-153.

2・4
ブラックバスの脅威にさらされる全国20万個のため池

坂本　啓, 佐藤豪一, 安部　寛, 浅野　功, 根元信一, 五十嵐義雄, 高橋清孝

現在, オオクチバスは, 天然・人工を問わず全国のあらゆる湖沼や池, 河川などに生息している. ここでは, この中から全国に20万個以上あるというため池におけるバスの影響に焦点をあてて, 宮城県における事例を紹介しながらその現状について述べる.

1. ため池の現状

宮城県には大小約6000個のため池があり, そのほとんどが農業用ため池である. それらのため池には昔からウナギ, コイ, ドジョウなどの在来種が数多く生息していた. 1993年に宮城県大崎市鹿島台およびその近隣32ヵ所のため池で行なわれた生息調査では, 23種の淡水魚が出現し, この内16種は宮城県の在来種であった. その主なものを表2・3に示す[1,2]. しかし, 宮城県内のため池でも1996年頃からバスが確認されるようになった. バスは少なくとも30cm前後に成長するまでは餌を追いかけて食べる追跡型の魚であることが知られている[3]. さらに, 最近の伊豆沼における調査研究により, 体長2cmを超えるとほかの魚の稚魚を食べ始めるという驚くべき結果が明らかにされている[4]. これらのことから, バスはそれ以前にもち込まれた待ち伏せ型の採餌方法をとるカムルチーやタイワンドジョウなどとは大きく異なり, 在来魚に多大な影響をおよぼすことは容易に想像できる.

表2・3　1993年魚類調査で宮城県大崎市鹿島台丘陵地のため池に出現した魚類

	シナイモツゴ	ゼニタナゴ	ギバチ	メダカ	アブラハヤ	トウヨシノボリ	ギンブナ	モツゴ	タイリクバラタナゴ	オイカワ
St.1					○					
St.2					○	○	○			○
St.3						○		○		
St.4					○	○				
St.5								○	○	
St.6						○				
St.7	○	○	○	○		○				
St.8	○		○	○		○				
St.9								○	○	
St.10								○		
St.11						○		○		
St.12								○	○	
St.13								○	○	

同地域で行なわれた2001～2002年の調査では, バスが侵入したため池の在来魚の種数が, バス侵入前にくらべ明らかに減少していた（表2・4）[3,5]. バスが侵入したため池では1993年にため池の優占種であったモツゴやタイリクバラタナゴがまったく採集されなかった. これに対し, バスの侵入が確認されていないため池では, 魚の種類の減少はみられず, 2002年までの調査で11種の生息が確認

表2・4 1993年と2001〜2002年に宮城県大崎市鹿島台のため池に出現した魚種

	ため池1		ため池2		ため池3	
	1993/9/12	2001/7/7	1993/9/11	2001/11/6	1993/9/12	2002/11/23
オオクチバス		●		●		●
コイ	○		○		○	●
キンブナ		●				
ゲンゴロウブナ	○	●	○	●	○	●
モツゴ	●			●	●	
タイリクバラタナゴ				●		●
採集方法	トラップ, 手網	刺網・トラップ	トラップ, 手網	地曳網 (3回)	トラップ, 手網	地曳網 (1回)

	ため池4		
	1993/9/8〜10/25	2002/9/26	2002/10/31
オオクチバス			
シナイモツゴ	●	●	●
ゼニタナゴ	●	●	●
ギバチ	●	●	●
メダカ	●	●	●
コイ	●		●
キンブナ			●
ギンブナ			●
トウヨシノボリ	●	●	●
ジュズカケハゼ	●	●	●
シマドジョウ			●
ゲンゴロウブナ	○		
採集方法	トラップ, 手網	トラップ, 定置網	トラップ, 刺網, 定置網

○聞き取り調査で生息確認
●調査で生息確認

されている.このことから,在来種の種数の主な減少要因はバスの侵入と繁殖にあると考えられる.図2・21に宮城県内のあるため池(A池)で池干しを行なった際の調査結果を示す[6].A池では数年前からバスの生息が確認されており,予想通りバス以外の魚はほとんどみられず,確認された魚類は大小のバスと30cmを超える大型のフナ類のみであった.小型魚はすべて食い尽くされ,バス成魚が捕食できない大型の魚のみが生き残ったと考えられる.餌となる小型魚がいないため,A池におけるバスの胃内容物は主に昆虫類やクモ類などであった[6].バスはヨシノボリ類やモツゴ類などの小型魚類を好んで食べるが,これらが生息しない場合は昆虫やクモ類を食べることが報告されている[7].また,同種の稚魚や幼魚を食べる共食いの事例も確認された.つまり,ため池に侵入したバスが1〜2回繁殖すると生息尾数が急増し小型魚類やエビ類をほとんど食べ尽くし,その後はミジンコを食べてある程度成長したバス稚魚を捕食するようになる.これに加えて陸上昆虫などの小動物を捕食して再び産卵するので,最終的に魚類はバス1種のみで食物連鎖(食う・食われるの関係)が成

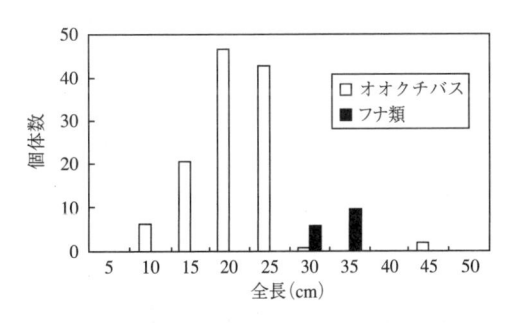

図2・21 宮城県内ため池Aで採捕されたオオクチバスとフナ類の全長組成

立してしまうのである．

2004年10月に東松島市のため池（B池）にて，宮城県石巻地方振興事務所と旧矢本町の主催で池干しが行なわれた．このため池もかなり以前からバスが侵入していたことが地元住民により確認されていた．B池では，やはりバスが941尾と優占しており，ほかの魚類では全長50cm以上のコイ1尾のみが捕獲された．それ以外の動物としてはザリガニや昆虫などが少数生息しているのみであった．これもバス1魚種と昆虫などほかの動物で食物連鎖が成立した一例である．

通常バスが侵入し定着したため池では，繁殖が繰り返され，侵入したバス成魚を筆頭に各世代のバスがみられ，個体数はその年に生まれた当歳魚がもっとも多く，年齢が進むにつれて数が減少する．このようなパターンと異なる特殊な事例として2004年9月に池干しを行なったため池（C池，上下2段に分かれている）が挙げられる（図2・22）．上段のため池では，何年か前にバスが侵入したと思われる一般的な全長組成のパターンを示している．しかし，下段のため池では，同時に池干しを行なった上段ため池から流入した7尾の稚魚（上段ため池排水口で確認）を除くと，20cm前後のバスが多く，25cm以上のバスが極端に少ない上に，産卵可能な全長30cm以上の雌親魚は皆無であった．地元の人々の目撃情報により，下段ため池では2年前まで多くの釣師が30cmを超すバスを釣り上げては再放流していたことが確認されている．したがって，何らかの理由で30cm以上の親魚が全滅したため，産卵が行なわれなくなって当歳魚が出現しなかった可能性が高い．この理由として考えられるのは，2004年5月から宮城県で導入されたブラックバス再放流禁止の内水面漁場管理委員会からの指示である．シナイモツゴの保護団体であるNPO法人シナイモツゴ郷の会（以下「郷の会」という）は委員会指示の発動を受けて，地元小中学生へ，常にバスを再放流しないよう要請してきた．C池は中学校にもっとも近いバス釣りスポットであり，この池の主な釣師は中学生であった．家族の話によると，その後，中学生たちは釣り上げたバスを自宅へ持ち帰るようになったようである．元々，C池は小規模なため池であるため，30cmを超えるバスはせいぜい20～30尾程度しか生息できないこともあって，中学生たちが再放流しないで駆除したことにより，バスの大型魚は早々に全滅してしまったと考えられる．一方，30cm以上の大型魚や当歳魚が出現した上段ため池は，下段ため池の水位が低下した場合に限って通行が可能になるので中学生たちが通常利用することはできない．したがって，上段ため池では「再放流禁止＝釣りによる駆除」は行なわれなかったと考えられる．この調査結果は，再放流禁止が守られたことにより繁殖が阻止された事例として重要である．

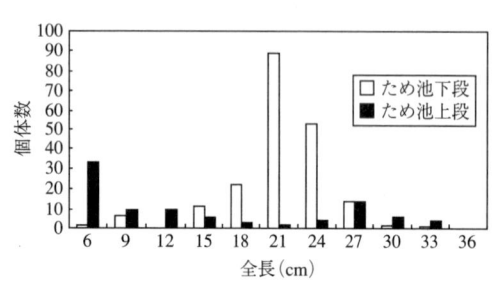

図2・22 宮城県内ため池Cで採捕されたオオクチバスの全長組成

バスが未侵入のため池には多くの生物が生息するが，その中にはため池が隔離された生態系であるがゆえに生存が可能であった絶滅危惧種や希少種も含まれる．環境省レッドデータブックに絶滅危惧種ⅠB類として記載されているシナイモツゴもその中の1種である．しかし，このような隔離されたため池にさえもバスの脅威が忍びよっている．宮城県内のシナイモツゴ生息池の1つ（D池）は2000年の調査ではバスの生息が確認されなかったが，2001年10月にはバスが侵入したことが判明した．

郷の会は，宮城県内水面水産試験場および地域住民の協力を得て2002年8月に池干しによるバス駆除を行なった．この結果，バス357尾を捕獲し，シナイモツゴ750尾とそのほかにもギバチやヨシノボリ類など7種の在来魚を救出した（表2・5）[6]．バスの全長組成をみると10cm前後の当歳魚と30cm前後のバス成魚にピークがみられ，15～20cmの幼魚（満1歳魚）はみられなかった（図2・23）．特に20cm以上のバスは計14尾のみで，これらが密放流され，繁殖を開始したものと思われる．もう少し対応が遅ければほかのため池のようにシナイモツゴなど小型の在来種は全滅に追い込まれていただろう．

表2・5　宮城県内ため池Dにおける池干しによる採捕結果

魚　種	8/14～30	8/22・23	8/31	9/1	合計
オオクチバス	50	250	54	3	357
シナイモツゴ		540	160	50	750
ギバチ		50	65	10	125
メダカ			5	4	9
コイ			7	1	8
キンブナ・ギンブナ			29	400	429
ゲンゴロウブナ			229	700	929
ヨシノボリ類			150	100	250
合　計	50	840	699	1,268	2,857
備　考	排水口で捕獲	定置網	地曳網	池干し後徒手採集	

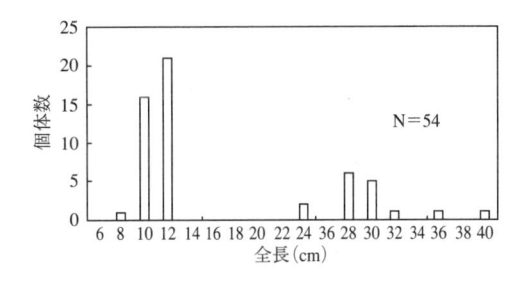

図2・23　宮城県ため池Dで採捕されたオオクチバスの全長組成

2．ため池の役割

　ため池は里山の中あるいはその近隣に位置するため，多数の動物によって繁殖や成育に利用され，里山の生態系にとって不可欠な存在となっている．さらに，シナイモツゴなど多くの絶滅危惧種が隔離されたため池にしか生息できないことからも明らかなように，種を保存する場としてもきわめて重要である．これまで，ため池を維持管理してきた人々は無意識なうちに種多様性の維持に大いに貢献してきたのである．

　これらため池の底泥の堆積を防ぎ，機能を維持するための管理作業の一環として昔から池干しが定期的に行われてきた．地域住民は夏に沼などで捕った魚をため池に放流し，秋から冬に実施する池干しの際に，油の乗った魚を回収することで食糧の足しとしていた．また，池干しは同時にレクリエーションとしての機能も有していた．しかし，近年池干しが定期的に行なわれることはほとんどなくなってしまった．この理由には，灌漑用水設備の整備や食料の充足によるため池への依存度の低下と，池干し作業自体の多大な労力負担が考えられる．特に労力に関しては，毎回すべての水を抜くのはかなりの重労働であり，ため池を管理する人々のみで行なうには限界がある．

　しかし，バスが侵入したため池における池干しによる完全駆除は里山の生態系を保全し再生する上できわめて重要であり，バスが侵入したため池で池干しが行われないことは，バスへ繁殖場所を提供するばかりか，そこで生まれたバス稚魚が用水路を通り，他の場所でさらなる被害をもたらすという「被害の連鎖」をも産む可能性がある．前述した表2・4におけるため池2の事例をみると，2002年の池干しではバスが多数確認されており，在来種はごくわずかであったが，2005年の池干しではバスは1尾も確認されず，驚くべき事に多数の小型魚類が確認された（表2・6）．これは池干しによって被害の連鎖を断ち切り，生態系復元に成功した事例である．このようなことからも，ため池の池干し

表2・6 宮城県大崎市鹿島台のため池2に出現した魚種

魚　種	1993	2001	2005
オオクチバス		●	
コイ	●		
ゲンゴロウブナ	●	●	●
タイリクバラタナゴ	●		
ギンブナ			●
モツゴ	●	●	●
シナイモツゴ			●
アブラハヤ			●
ドジョウ			●
ジュズカケハゼ			●
スジエビ			●
ヌカエビ			●
アメリカザリガニ		●	

がいかに重要であるかがわかるだろう．

3．ため池の今後

　固有の自然生態系を保全していく上で，バスによる在来生物への影響はきわめて深刻であり，すでに侵入した地域からバスをいかにして排除するかは今後の重要な課題である．また，全国的にダムなどの建設が見直される中で，治水などの観点からみても農業用ため池の役割はこれからますます重要になってくることが予想される．このため池の農業用水供給機能，そして生態系保全機能を今後も長期にわたり維持させるためにはやはり定期的な池干しが必要であり，そのためには現在すたれている池干しを復活させることが重要となる．筆者らはため池のレクリエーション機能が鍵を握ると考えている．

　郷の会で行なった池干しでは，実際地曳網などを行なうと，引っ込み思案な子供から昔腕に覚えのある大人まで全員目を輝かせて活躍する光景がみられた．これは，ため池が地域住民のレクリエーションの場として機能していた当時はどこでもみられたはずである．里山の生態系を保全して次世代へ継承していくために，農家の人々や行政はもちろん，地域住民やNPO団体などが協力し，もう一度ため池の役割，そしてため池の今後のあり方を見つめ直す時期に来ているのかもしれない．

引用文献

1) 高橋清孝・門馬喜彦・細谷和海・木曾克裕，1995：模式産地におけるシナイモツゴの再発見と人工繁殖試験，宮城内水試研報，2，1-9．
2) 高橋清孝，1997：シナイモツゴ，日本の希少淡水魚の現状と系統保存（長田芳和・細谷和海編），緑書房，104-113．
3) 高橋清孝，2004：ブラックバス，宮城の淡水魚，宮城県内水面水産試験場，58-61．
4) 高橋清孝，2002：オオクチバスによる魚類群集への影響，川と湖沼の侵略者ブラックバスその生物学と生態系への影響（日本魚類学会自然保護委員会編），恒星社厚生閣，47-59．
5) 高橋清孝，2004：バス類の侵入・繁殖が魚類群集へ及ぼした影響とその駆除方法に関する研究，広報ないすいめん，36，2-10．
6) 高橋清孝・須藤篤史，2004：オオクチバスが侵入・繁殖したため池における魚類相の変化，日本水産学会東北支部会報，54，22．
7) 吉沢和倶，1992：食性，ブラックバスとブルーギルのすべて，全国内水面漁業協働組合連合会，27-39．

2・5
河川へ拡大するブラックバス汚染

須藤 篤史・高橋 清孝

　バス釣りがブームとなり，多くの場所でバス釣りを楽しみたい，自分専用の釣り場が欲しいという人が増えた結果，多くの人工湖やため池にブラックバスが生息するようになった．人工湖やため池は基本的に止水環境であり，こうした環境を好むブラックバスにとって格好の繁殖場所となりうる．そのため，規模の小さいため池では，大量に増殖したブラックバスの食害によって，ブラックバス侵入前の魚類相が失われ，ブラックバスが大部分を占める貧弱な魚類相に変化してしまった事例も報告されている（1章参照）．

　ダム湖やため池は人工的な環境ではあるが，完全な閉鎖系ではない．必ず，水路などを通じて下流で河川と接続している．従って，湖内で繁殖したブラックバスがダム湖やため池の中に留まると考える方が不自然である．ダム湖やため池がブラックバスの供給源となり，河川に流出して生息域を拡大し，河川に生息する生物に対しても食害などの影響をおよぼす恐れは非常に大きい．

　著者らは，2000～2003年にかけて宮城県内の人工湖，ため池などでブラックバスによるほかの魚類への影響調査とあわせて，河川への生息域拡大の現状を調査した．その結果，危惧していたとおり，人工湖やため池内で繁殖したブラックバスが下流の河川へ流出し，生息域を拡大している実態を確認した．さらに，ブラックバスが侵入した河川で繁殖調査を実施した結果，河川へ生息場所を拡大したオオクチバス，コクチバスが，河川内で繁殖していることも明らかとなった．人工湖，ため池から河川への生息域拡大，そして河川内増殖という，これまで漠然と想像されていたブラックバス汚染の拡大は，現実に起こっているのである．これらの事例を紹介することで，改めてブラックバス問題の深刻さを共通認識とし，さらなる汚染拡大防止の呼びかけとしたい．

1. 七つ森湖におけるブラックバスの生態と魚類相への影響について[1, 2]

　はじめに，人工湖へのブラックバスの侵入とその生態，そしてブラックバス侵入にともなう魚類相の変化から，その食害の影響を確認した事例を紹介する．七つ森湖（南川ダム湖：総貯水量10,000千t）は，宮城県のほぼ中央に位置しており，その水は吉田川へ流出したのち鳴瀬川と合流して石巻湾に注いでいる（図2・24）．七つ森湖では，第5種共同漁業権が設定されており，鳴瀬吉田川漁業協同組合がイワナ，ヤマメ，ニジ

図2・24　調査を実施した宮城県の河川・湖沼

マスを放流している．また，ゲンゴロウブナ，コイ，ワカサギも過去に放流されており，湖内で増殖して，これらの好漁場として多くの釣師が訪れていた．しかし，1993年頃からオオクチバスの生息が確認され，現在では，大手釣り具メーカーによるバス釣り大会が開催されるなど，宮城県におけるバス釣りメッカの1つとなっている．さらに，1997年には宮城県で初めてコクチバスの生息が確認された．

当時，宮城県内では2種が同時に確認されていた水域はほかになく，特にコクチバスについて生態的な調査はまったく実施されていなかった．そこで，これら2種の湖内における分布，繁殖，食性などについて調べるとともに，ほかの魚類への影響を把握するため1995年（オオクチバスを確認してから2年後）と2002年（コクチバスを確認してから5年後）に流入・流出河川を含む七つ森湖周辺における魚類相を比較した．

1）七つ森湖内における2種の生態（生息分布，繁殖，食性）

2002年当時，七つ森湖内にオオクチバスとコクチバスの2種が生息していることは，釣師の情報などですでに確認されていたが，どちらが多く生息しているのか，また湖内で両種がどのような分布をしているのかということは明らかではなかった．また，バス釣りのメッカになるほど，ブラックバスが多く生息しているため，当然七つ森湖ではブラックバスが繁殖していると想像されたが，駆除を実施していく上では，繁殖時期，主に繁殖が行なわれる場所および稚魚の生態などの具体的な知見が重要となる．そこで，2002年4月から12月にかけて湖内で釣り，地曳網などによる採捕調査を実施するとともに，産卵床を探索し，稚魚の採捕を試みた．また，採捕されたブラックバスの胃内容物から，その食性を調べた．

この調査を通じて，成魚ではオオクチバスが236尾（全体の78.9％），コクチバスが63尾（同21.1％）採捕された．また，採捕された場所をみると，ダム湖内でも流入域付近ではオオクチバスが194尾（93.7％），コクチバスが13尾（6.3％）と圧倒的にオオクチバスが多かったのに対し，ダム本体に近い停滞域ではオオクチバスが38尾（48.1％），コクチバスが41尾（51.9％）と，コクチバスが多くなっていた．湖全体としてはオオクチバスが多いが，2種の生息場所はある程度異なっていることが示された．流入域は全体的に遠浅で，岸辺にヨシやヤナギが繁茂しているのに対し，ダム本体に近い側は谷部で急深帯が多く，水温も流入域にくらべ低くなっている．このような環境の違いが，

図2·25 七つ森湖で確認されたオオクチバス（左）とコクチバス（右）の産卵床跡
（左：ヤナギの根元に形成，右：障害物の少ない礫底に形成）

2種の生息場所の違いをもたらしていると思われる.

また,オオクチバス,コクチバスともに5月中旬から産卵床がみられ,5月下旬から稚魚が採捕された.2種ともに,やはり七つ森湖内で繁殖していたのである.しかし,産卵床が確認された環境をみると,オオクチバスでは湖内の流入域近くで,ヨシなどの障害物がある場所にほぼ限定していたのに対し,コクチバスでは下流域の障害物のない開けた礫底に多く産卵床が形成されており,2種に違いがみられた(図2・25).産卵床形成場所の要素として,オオクチバスではヨシなど親が隠れる障害物があることが重要であるのに対し,コクチバスでは卵を産み付ける底質がより重要という生態的な違いがあるのであろう.また,産卵場所は生息分布とほぼ一致していたが,コクチバスでは,行動範囲は狭く,大きな移動はしないという報告もあり[3],親魚の分布も産卵床形成場所を規定している要因と考えられる.

七つ森湖のオオクチバスとコクチバスの食性を比較すると,オオクチバスは魚類以外にも甲殻類,水生昆虫,陸生昆虫など多様な生物を利用しているのに対し,コクチバスは魚類を専食していた(図2・26,27).これは両種における嗜好性の違いも考えられるが,両種の生息場所の違いを反映している可能性が大きい.コクチバスが多く生息する水域は,比較的急深でヨシなどの障害物も少ないことから,オオクチバスが生息する流入域にくらべ水生昆虫などの種類が少ない.一般的にはオオクチバス,コクチバスともに任意の水域において利用しやすい餌生物から優先的に利用する[4, 5]とされており,両種ともに基本的にはその時期,場所に多く出現した餌生物を臨機応変に利用しているのであろう.その結果,今回のような2種の食性の違いが現われたのだと思われる.ただ,全般的には,現在のところ魚類の生息数が比較的多い七つ森湖においては,2種とも魚類をもっとも多く利用していると考えてよいだろう.

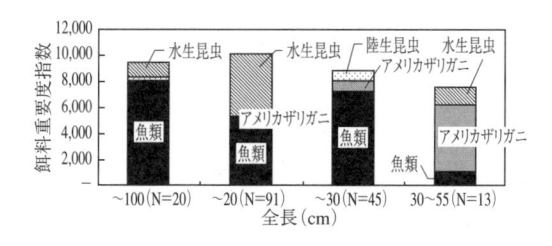

図2・26 七つ森湖におけるオオクチバスのサイズ別餌料重要度指数

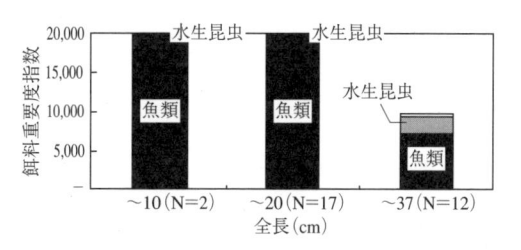

図2・27 七つ森湖におけるコクチバスのサイズ別餌料重要度指数

2) 魚類相の変化からみたブラックバスによる食害の影響

ブラックバスの食害によるほかの生物への具体的な影響を評価するためには,経年的に統一した手法を用いた調査が不可欠である.そこで,1995年9月と7年後の2002年に,七つ森湖およびその流入河川,流出河川において刺網および投網を用いた魚類相調査を実施し,魚類相の変化からブラックバスによる食害の影響を評価した.

2回の調査を通じて,流入河川ではサケ科1種(ヤマメ),コイ科3種(オイカワ,ウグイ,アブラハヤ),ドジョウ科2種(ドジョウ,シマドジョウ),サンフィッシュ科1種(オオクチバス),ハゼ科1種(ヨシノボリ類),カジカ科1種(カジカ)の合計9種が採捕された(表2・7).1995年と比較し

て2002年はアブラハヤ，ドジョウ，シマドジョウ，ヨシノボリ類，カジカが採捕されず，オオクチバスが新たに採捕された．また，ダム湖内ではキュウリウオ科1種（ワカサギ），サケ科3種（イワナ，ニジマス，ヤマメ），コイ科5種（オイカワ，ウグイ，コイ，ゲンゴロウブナ，ギンブナ），サンフィッシュ科2種（オオクチバス，コクチバス）の合計11種が採捕された．1995年と比較すると，2002年はワカサギが採捕されず，ヤマメ，イワナ，コクチバスの3種が新たに採捕された．流出河川ではコイ科4種（オイカワ，アブラハヤ，カマツカ，ゲンゴロウブナ）とドジョウ科1種（シマドジョウ），ハゼ科2種（ヨシノボリ類，ヌマチチブ）7種が採捕された．

　以上の結果をまとめると，七つ森湖内と流入・流出河川を合わせた1995年の総出現魚種が16種であったのに対し，2002年は13種に減少した．ワカサギ，カマツカ，ドジョウ，ヌマチチブ，カジカの5種が採捕されず，コクチバスとイワナが新たに採捕された．イワナについては1995年以前からほぼ毎年種苗放流を実施していることから，実質的に新たに生息が確認されたのはコクチバスのみである．2002年に出現しなかった魚種のうち，特にワカサギについては，釣師からも1998年頃からいなくなったとの指摘がある．また，コイ科のコイ，ゲンゴロウブナ，ギンブナの3種については，1998年頃までは春に湖内の上流域の浅瀬で高密度に稚魚が観察されていたのに対し，2002年では小型魚はまったく採捕されず，観察もできなかった．

　七つ森湖に生息する魚種のうち，サンフィッシュ科を除き湖内で再生産を行なう可能性があるものはコイ科，ドジョウ科，ハゼ科の魚種である．七つ森湖では県の保健環境センターが毎月1回の水質調査を実施しているが，1995〜2002年までの間，これらの魚種が再生産可能とされる水産用水基準

表2・7　七つ森湖の流入河川，湖内，流出河川における1995年と2002年の魚類相の変化

魚種 \ 漁法	流入河川 投網 1995	流入河川 投網 2002	ダム湖内 投網 1995	ダム湖内 投網 2002	ダム湖内 刺網 1995	ダム湖内 刺網 2002	流出河川 投網 1995	流出河川 投網 2002	全体（採捕実数）投網，刺網 1995	全体（採捕実数）投網，刺網 2002
ワカサギ			0.22						4	
イワナ				0.05						1
ニジマス					0.27	0.56			3	9
ヤマメ	1.38	0.40				0.38			11	10
オイカワ	1.13	0.10	2.44	5.40			0.57	0.40	57	111
ウグイ	0.75	0.80	0.11	0.05	3.64	2.63			51	61
アブラハヤ	0.13							0.40	1	2
カマツカ							0.29		2	
コイ				0.05	0.09	0.19			1	4
ゲンゴロウブナ					1.73	0.06	0.43	2.00	19	1
ギンブナ					0.18	5.19			2	83
ドジョウ	0.38								3	
シマドジョウ	0.13							0.20	1	1
オオクチバス			0.10	0.50	0.80	1.64	0.25		27	21
コクチバス				0.05		0.56				10
ヨシノボリ類	0.25							2.20	2	11
ヌマチチブ							0.86		6	
カジカ	0.13								1	
合計	4.25	1.40	3.28	6.40	7.55	9.81	2.14	5.20	191	325
投網投数，刺網反数	8	10	18	20	11	16	7	5	—	—

＊：流入河川，ダム湖内，流出河川については投網1網もしくは刺網1反当たりの採捕尾数を示した

（BOD：3mg/l以下，COD：2mg/l以下）を満たしており，特に魚類の生息，繁殖に影響をおよぼす水質の変化は認められなかった．またダム湖畔内および流入河川で大きな土木工事はなく，地形・植生など，魚類の生息・繁殖に関わる場所の大きな変化はなかった．これらのことから，七つ森湖周辺における魚種組成の変化および小型魚の消失の原因は，水質などの環境の変化によるものとは考えられず，オオクチバス，コクチバスの食害によるものであると考えてほぼ間違いはないだろう．特にコイ科魚類の主な繁殖場は，湖内の流入域に近いヨシなどが茂る浅部であり，オオクチバスの繁殖場と非常に近く，遊泳能力が高くなったコクチバス稚魚もこの周辺で多く採捕されている．したがって，オオクチバスおよびコクチバス稚魚の食害の影響によって，これら3種では繁殖が著しく抑制されている可能性がある．

　湖と河川を行き来する魚種のうち，ワカサギ以外で減少した種はなく，逆にウグイ，オイカワ，ヨシノボリ類では1995年にくらべ2002年で多く採捕された（現在でも放流事業が行なわれているイワナ，ヤマメ，ニジマスを除く）．これらは河川に遡上して繁殖することから，仔稚魚期に受けるブラックバスによる食害の影響が少ないものと思われる．また，餌が競合するほかのコイ科魚類などの仔稚魚が減少したため，初期減耗の少ないこれらの魚種が増加している可能性が考えられる．こうした中で，ワカサギだけが激減したことについては，ワカサギは春季には接岸する傾向が強いとされており，農業用水も供給している七つ森湖では，田植えの時期には水位が減少して湖の面積が縮小することから，この時期に岸辺でブラックバスと遭遇する機会が増大して捕食圧が高まったことが原因かもしれない．

　主に河川に生息する魚類のうち，流出河川でカマツカ，ヌマチチブ，流入河川でカジカが2002年には確認されなかった．これら3種は1995年の調査時点でも採捕数が少ないため，ブラックバスによる影響を判断するためには，さらに詳細な調査が必要である．しかし，底生性で動きが緩慢なため捕食されやすいことは容易に想像でき，少なくともダム直下ではブラックバス類の食害により生息数が明らかに減少している．カジカは渓流域に生息する魚種であるため，止水域を好むオオクチバスによる影響は少ないと考えられるが，コクチバスは流入河川に遡上して，カジカやサケ科魚類を捕食しているとの報告があり[6]，七つ森湖の流入河川でも，コクチバスによる捕食の影響が生じている可能性がある．今回は流入河川でコクチバスは採捕されなかったが，流入域への遡上の有無や，食性などについて調査が必要であろう．

　以上を図2・28にまとめた．ブラックバスが侵入し，定着した人工湖では，食害による他魚種への甚大な影響が生じていることは明らかである．近年，多くの止水域でこのような現象が確認され，ブラックバスの生態系におよぼす具体的な影響が指摘されつつある．以下の項では，さらに止水域から河川へのブラックバスの生息域拡大の実態について紹介する．

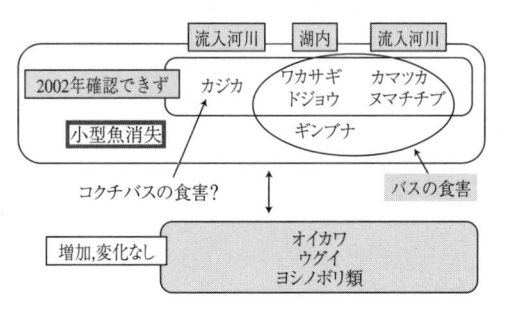

図2・28　七つ森湖周辺における魚類相の変化

2. 河川へのブラックバス生息域拡大の実態
1) 人工湖から河川への拡大

オオクチバス，コクチバスの2種が生息しており，その繁殖も確認された七つ森湖の流出河川である吉田川（図2・24）で，2002年9月にダム本体から約7.5～9.5km下流の4点で，刺網，地曳網，投網を用いて魚類調査を実施した．この付近は，吉田川の中流域に相当し，岩が点在する砂礫の瀬と水深2m程度の淵が交互に出現する．刺網，地曳網は主に淵の最深部に設置し，投網は淵尻を狙い投網した．

その結果，アユ，オイカワ，ウグイ，ビワヒガイ，カマツカ，ニゴイ，コイ，ゲンゴロウブナが採捕されたのに加え，4地点のうち3地点でオオクチバスが，2地点でコクチバスが採捕され，2種ともに河川へ生息域を拡大していることが確認された．オオクチバスでは全長組成から複数の年級群が認められ，全長10cm程度の1歳魚と思われる個体が多く採捕されたのに対し，コクチバスは全長25.5cm以上の大型魚のみ採捕された（図2・29）．このことから，オオクチバスの河川への侵入はかなり以前から複数回にわたり起こっていたものと思われる．胃内容物をみると，オオクチバスの胃からはオイカワ，ウグイ，モツゴの3種が確認され，魚類消化物と合わせると胃内容物重量の90%を魚類が占めていた（図2・30）．コクチバスでは消化が進んでいるものが多く，種の同定はできなかったが，胃内容物重量の93%が魚類であった．2魚種とも，七つ森湖での食性にくらべ，魚類の割合が非常に高くなっており，これは魚食を好むという性質と河川での魚類との遭遇しやすさを示した結果であると思われる．

もちろん直接河川への成魚の密放流があった可能性も否定できない．しかし，今回の調査結果から，相当多くの個体が川に生息していることは容易に想像でき，密放流（違法放流）だけでは説明が難しい．七つ森湖が流出源となっていると考えた方が自然だろう．いずれにせよ，七つ森湖の流出河川である吉田川では，オオクチバス，コクチバスともに流出や密放流により分布域が拡大しており，河川

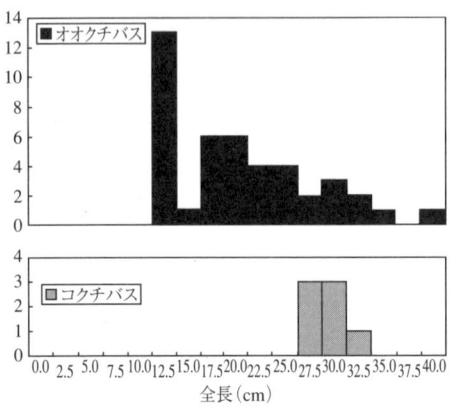

図2・29 吉田川で採捕されたオオクチバス，コクチバスの体長組成

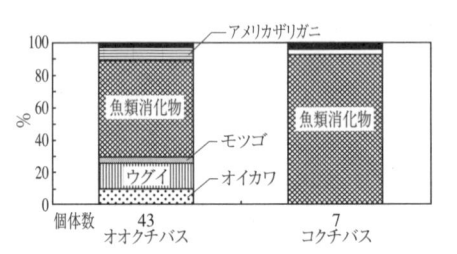

図2・30 吉田川で採捕されたオオクチバス，コクチバスの胃内容物重量組成

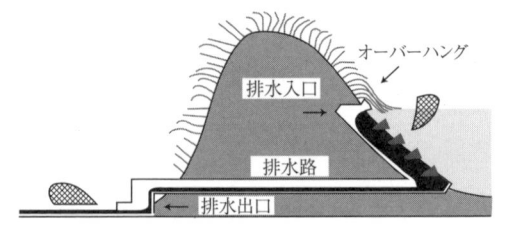

図2・31 ため池の排水部分の構造
（水抜き栓により水位調節，排水ができる）

においても魚類へ強い影響をおよぼしているのである．

2）ため池から河川への拡大

大川は，岩手県一関市 室根山を源流として宮城県の北部を流れる中河川である（図2・24）．2000年9月に気仙沼市内でオオクチバス幼魚が確認されたため，その対策を検討するため2001年5～6月に魚類生息調査を実施した．その結果，オオクチバスを含め21種が出現し，これ以外に漁業協同組合などからの聞き取りから，少なくとも合計26種の魚類が大川に生息していることが分かった（表2・8）．これらの魚類は，オオクチバスを除きすべて宮城県に生息する在来種であり，これらの保護のため早急な対策が求められた．

大川支流の上流には農業用ため池がいくつかある．これらのため池には，オオクチバスが侵入し，バス釣りが行なわれていた．図2・31にため池の模式図を示したが，ため池は管理のために水抜き栓をはずすことによって容易に水が抜ける構造となっている．特に水面

表2・8 気仙沼市大川下流域で採捕された魚類とそのサイズ
（オオクチバス以外は全て在来種）

No.	魚種	5/30	6/13	全長（尾叉長*）範囲cm
1	アユ	8	24	10.4～14*
2	ワカサギ	1	2	12.8～15.2
3	ヤマメ	1	23	7.7～17.5*
4	サクラマス	2	0	30～35*
5	アブラハヤ	2	2	7.8～10.8
6	ウグイ	12	8	4.2～18
7	マルタ	4	3	30～45.6
8	キンブナ	2	0	13.5～17
9	カマツカ	0	1	12.2
10	ギバチ	0	1	4.5
11	シマドジョウ	1	1	7.8～7.9
12	ウナギ	0	3	5.8～61.5
13	イトヨ	3	2	1.8～8.0
14	ボラ	1	3	3.0～8.5
15	オオクチバス	2	0	11.7～12.0
16	ウキゴリ	8	4	5.4－8.3
17	シマウキゴリ	3	5	7.2～8.7
18	スミウキゴリ	1	6	.1～10.7
19	シマヨシノボリ	4	25	3.2～7.7
20	アシシロハゼ	0	1	7.5
21	ヌマチチブ	5	7	6.6～12.5
22	シロウオ	漁協で確認		
23	シロサケ	漁協で確認		
24	コイ	漁協で確認		
25	カジカ	漁協で確認		
26	マハゼ	漁協で確認		

近くは水温が高く，堤防に生い茂る草木が垂れ下がり，魚類の稚魚が集まりやすい．通常の排水では水抜き栓を水面近くから順次抜くため，ため池の排水からオオクチバスを含めた魚類の稚魚は容易に下流へと流出する．これとは別に，築堤には警戒水位を超えた際にオーバーフローする排水路が設置されているので，増水時にはここから大量にバス稚魚や幼魚が流出すると考えられる．

大川の場合も，確認されたオオクチバスが同一年級群と思われる幼魚だけであったこと，水温条件や流速を考慮すると，河川内におけるオオクチバスの繁殖の可能性は低いことから，上流にあるため池で繁殖したオオクチバス稚魚が，ため池からの排水にともなって大川に流出したものと考えられた．そこで，大川漁業協同組合は大川における釣りによる駆除に加え，バス稚魚供給源を遮断するため2001年と2002年秋に一関市の関係者が実施したバス駆除に参加協力し，バス生息池の池干しを実行した．それ以降，大川ではオオクチバス稚魚が数尾散見されたものの，繁殖は確認されていない．

3．河川におけるブラックバスの繁殖

これまで，国内の河川においてコクチバスの繁殖は確認されているが[7]，オオクチバスの繁殖について報告された事例は少ない．河川に生息場所を広げたブラックバスが河川内で繁殖する可能性について検討するために，2つの河川で繁殖調査を実施した．

1) コクチバスの繁殖

2003年4月下旬から6月下旬にかけて，吉田川の流域の七つ森湖ダム直下から下流10kmの間の10地点について産卵床およびふ化稚魚の探索を行なった．オオクチバスについては，調査期間中に産卵床およびふ化稚魚は確認できなかったが，コクチバスのふ化稚魚の群れを6月13日にダム本体から約4km下流の地点で確認した（図2・32）．この地点は川幅が約5mの砂礫底で，川の右岸が深くえぐられ左岸側に向かい緩やかに傾斜しており，左岸側で流れが緩やかになっていた．稚魚群を確認した場所は左岸の水際から約1.5mの地点で，発見当時の流速は約50cm/s，水深は約50cm，底質は礫であった．群れの大きさは約200個体で，表層近くに定位しており，手網を用いて容易に採捕できた．このときの平均全長は12.7mmであった．稚魚群を確認した近くの水底を探索した結果，産卵床は確認できなかったものの，底質がコクチバスの繁殖に適していること，遊泳力が低いサイズで群泳していたことなどから，その周辺で繁殖したものと考えられた．4日後の6月17日，2週間後の6月26日にも同一地点でコクチバスの稚魚の群れを確認したが，群れのサイズ，成長などから6月13日に最初に確認した群と同一群と思われた．6月17日の平均全長は14.0mm，6月21日の平均全長は17.4mmであった．

図2・32 吉田川でコクチバスの繁殖が確認された場所
（白丸付近で稚魚群を採捕）

これらの調査でコクチバスは，宮城県の河川でも繁殖していることが確認され，ふ化後1週間以上ほとんど同じ地点に群れが留まり，成長するという興味深い現象が観察された．吉田川は下流で支流を多数もつ鳴瀬川に合流する．鳴瀬川まで流れたコクチバスが別の支流に遡上して生息域を拡大し，定着する恐れも十分に考えられる．

2) オオクチバスの繁殖

北上川は，宮城・岩手の両県にまたがる幹川流路延長249km，流域面積10,150km^{2}の東北第1の河川である[8]．岩手県北部の岩手町御堂，通称「御堂観音」の境内にある「弓はずの泉」を水源としている．東側は北上山地，西側は奥羽山脈から流下する多くの大小支流をあわせて，岩手県のほぼ中央部を北から南へ縦貫し，一関下流の狭窄部を経て宮城県にはいる．その後，仙北平野を縦断して，宮城県登米市柳津地先で旧北上川を分流して，北上川は東へ流れて追波湾に，旧北上川はそのまま南下して石巻湾へ注いでいる．

北上川の河口近くに，富士沼がある．その富士沼の水は河口近くで北上川に注いでいる．この沼は長くヘラブナ釣りの穴場として知られてきたが，1990年頃からブラックバスが確認され[8]，宮城県でも有数のバス釣りメッカになっているところである．この頃，ほかにも多くの北上川水系と連続するため池などでバス釣りが行なわれるようになり，北上川の支流の1つである迫川につながる伊豆沼でも，1995年からオオクチバスが採捕されている[9]．これらにともない，北上川本流でもオオクチバス生息の情報が寄せられ始め，宮城県内水面水産試験場の調査により，2001年に初めて北上川本流およびいくつかの支流でオオクチバスの生息が確認された[10]．

北上川は大河川であるため複雑な形状をしており，特に下流の河岸寄りでは流れがほとんどないような場所もある．従って，富士沼のようなブラックバスの「供給源」と併せて，河川内でのオオクチバスの繁殖も予測された．そこで，2003年6月20日に北上川中流においてオオクチバスの調査を実施した．

　調査を実施した場所は，北上川の河口から約13km上流の合戦谷と呼ばれる地域である．このあたりは，江戸時代に大規模な河川改修が実施され，人為的に掘られたところであり，その下流約5kmの地点に灌漑用水，飲用水，工業用水などの確保と，海水の逆流を防ぐ塩害防止を目的に北上大堰が設置されていることから，川の中央部は水深が5m程度ある．両岸は山が迫り，川幅約50mで比較的流れが緩やかである．調査を実施した合戦谷の左岸は，比較的浅いところが多くヤナギなどが多く生え，流れがほとんどない．底質は基本的には泥であるが，所々に岩盤や礫になっているところもあった．

　ここで，産卵床の探索と三角網による稚魚の採集を行なったところ，オオクチバスのふ化稚魚群を発見し，平均全長11.7mmの630尾の稚魚が採取された．産卵床は確認できなかったものの，観察された群れは複数あり，1つの群れを構成する稚魚の数が数百から数千あったこと，採集された稚魚のサイズが小さく，まだプランクトン食で遊泳能力の低い時期であったことから，別の場所で繁殖したものが移動してきたとは考えにくい．従って，ここで発見されたオオクチバスの稚魚は採集された場所付近に生み付けられた卵からふ化したものと考えられ，北上川でオオクチバスが繁殖していることが確認された（図2・33）．

図2・33　北上川でオオクチバスの繁殖を確認した合戦谷付近の様子

4．対　策

　ダム湖やため池に侵入し，繁殖したオオクチバス，コクチバスが下流の河川に生息域を拡大し，さらに河川内でも繁殖していることが明らかとなった．おそらく，同様の現象が全国の水域で起こっていると思われる．

　これまで，ブラックバス，特にオオクチバスは流れのある河川では繁殖しにくいとされてきたが，北上川のような比較的大きく流れの緩やかな河川では，その一部の岸沿いには流れがほとんどなく，オオクチバスの繁殖に適した場所が存在する．より流れに適応しているとされているコクチバスについては，さらに多くの場所で繁殖が可能となっていると思われる．また，オオクチバスが繁殖できるような場所は在来のコイ科魚類も繁殖場所として利用している場合が多い．ブラックバスによるほかの魚類への影響は，特に稚魚期の食害が大きいとされているが[11]，おそらく河川においても，このようにブラックバスが繁殖可能な場所では，稚魚による食害が大きくなっているものと思われる．しかし，河川ではブラックバスによる食害などによる影響を把握しにくく，気づいたときには，多くの魚種が失われているということになりかねない．

河川に侵入したブラックバスを，完全に駆除することは非常に難しい．しかし，今回の事例でも紹介したように，河川内で繁殖可能な場所はある程度限定されているはずである．おそらくそのような場所はブラックバス成魚にとっても生息しやすい場所であり，駆除を実施する上でも効率的な場所である．秋田県では，このような考えのもと河川においてワンド状の場所を狙ってブラックバス駆除を行ない，一定の成果を上げている．河川へのブラックバスの生息域拡大を確認した場合には，早急に繁殖可能な場所を把握し，稚魚すくいなどによる繁殖防止策をとるとともに，刺網や地曳き網などで成魚の駆除も併せて実施して，できるかぎり河川内に生息するほかの生物への影響を少なくすべく，ブラックバスの生息数を抑える努力を続ける必要があるだろう．

また，上流に位置するため池や人工湖など，ブラックバスの供給源となるところでは，緊急に駆除を実施すべきである．ため池では，前述したように構造上ブラックバス流出の恐れがある反面，もっとも確実な駆除方法である池干しができる．大川の事例では，オオクチバスの河川への生息域拡大確認後，直ちに供給源となっていたと思われるため池の池干しを実施した結果，早期に拡散を阻止できた．もちろん，今後も監視を続けることは必要であるが，供給源を絶つことでブラックバスの拡散を阻止できた好事例といえる．池干しには多くの人員を必要とし，地元の同意を得ることが不可欠であるが，できるだけ早い時期に実施して供給源を絶つことで，ブラックバス汚染の拡大防止につながる．

人工湖では，池干しは不可能であるが，河川にくらべれば対策はとりやすい．ある程度繁殖可能な場所が特定できるので，人工産卵床の設置による親魚の誘引・採捕，産み付けられた卵の回収，稚魚が浮上後に群泳している全長20mm以下の時期に手網などで採捕することなどで繁殖抑制が可能である．また，繁殖期に水位を変動させることで，ブラックバスの繁殖を抑制できる可能性も示唆されている[12]．

これらブラックバス侵入後の対策も不可欠であるが，何よりも大切なことは，新たな水系にブラックバスをもち込まないことである．多くの地方自治体で漁業調整規則によりブラックバス・ブルーギルの移植放流を禁止しているにも関わらず，それまで生息がなかった場所での新たなブラックバス発見の情報が絶えない．宮城県においても，2002年当時はコクチバスが生息する水系は七つ森湖とその下流の吉田川だけと思われていたものが，2004年11月現在，別水系である阿武隈川，広瀬川，七北田川などほかの複数の河川にも生息しているとの情報があり，明らかに人為的にもち込まれたとしか考えられない場所にもコクチバスの生息域が拡大している．1つの池，湖にブラックバスをもち込むことが，いかに広範囲かつ多大な影響をおよぼしてしまうのかということを皆で認識し，国民全体の目でブラックバス汚染を監視して，抑制していくことが何よりも重要である．

引用文献

1) 須藤篤史・高橋清孝, 2004：七つ森湖におけるオオクチバス, コクチバスの分布, 繁殖および食性, 宮城水産研報, 4, 13-22.
2) 須藤篤史・高橋清孝, 2005：七つ森湖におけるオオクチバス, コクチバスの出現と魚類相の変化, 宮城水産研報, 5, 37-42.
3) 大浜秀規, 2002：ブラックバスと内水面漁場管理—山梨県を例にして, 川と湖沼の侵略者ブラックバス（日本魚類学会自然保護委員会編), 恒星社厚生閣, 87-98.
4) 中央水産研究所内水面利用部, 2003：外来魚コクチバスの生態研究と繁殖抑制技術の開発, 広報ないすいめん, 32, 12-20.
5) 淀 太我, 2002：日本の湖沼におけるオオクチバスの生活史, 川と湖沼の侵略者ブラックバス（日本魚類学会自然保護委員会編), 恒星社厚生閣, 31-45.

6) 福島県内水面水産試験場，2001：コクチバス河川生態調査，福島県内水面水産試験場事業報告，81-84.
7) 淀　太我・井口恵一朗，2003：外来種コクチバスの河川内繁殖の確認．水産増殖，51，31-34.
8) 三陸河北新報社，2000：北上川物語，三陸河北新報社，235-238.
9) 高橋清孝・小野寺毅・熊谷　明，2001：伊豆沼・内沼におけるオオクチバスの出現と定置網魚種組成の変化，宮城水産研報，1，111-118.
10) 高橋清孝・伊藤　貴・小野寺毅，2002：魚影の郷整備調査事業，平成13年度宮城県水産試験研究成果要旨集，43-44.
11) 高橋清孝，2002：オオクチバスによる魚類群集への影響—伊豆沼・内沼を例に，川と湖沼の侵略者ブラックバス（日本魚類学会自然保護委員会編），恒星社厚生閣，47-59.
12) 齋藤　大・宇野正義・伊藤尚敬，2003：さくら湖（三春ダム）の水位低下がオオクチバスの繁殖に与える影響，応用生態工学，6，15-24.

ブラックバス駆除の方法と体制づくり

3

3・1
駆除方法

細谷　和海

　ブラックバスが特定外来生物に指定された今日，いよいよ日本中に広がったブラックバスを駆除する段階に入った．一般に，侵略的外来生物が自然の生態系にはいり込むと，直ちにそこを占拠するわけではなく，一定の時間と過程を経てネズミ算式に増えていく．そのパターンは生物学の一般則である増殖曲線にも似て，侵入防止期，根絶可能期，安定制御期，手遅れ期に分類される（図3・1）[1]．根絶（eradication）とは個体を残らず取り除き絶滅させること，制御（control）とは個体数を減らして一定の数以下にとどめること，駆除は両者を合わせたもの，さらに防除は外来種の侵入を抑え個体を取り除くといったより広い概念と考えてよい．侵略的外来生物を効率よく駆除するためには，より早い時期に手を打つことがよいのは言うまでもない．反対に手遅れ期に入ってしまうと個体を完全に除去することはきわめて難しい．しかし，そのように決めつける背景には外来種問題についての一般の無関心や消極性，それに行政の対応の遅れがあるが，あきらめるべきではない．実際に，外来生物防除の取り組み例はきわめて少なく，防除技術の開発は始まったばかりである．ここではブラックバス駆除の考えうる方法を紹介する．紹介例には奇抜な方法に加え，在来生物への影響も危惧されるなど現時点では実施すべきではない方法も含まれる．しかし，ブラックバス駆除の技術開発をうながすためにも敢えて紹介しておきたい．

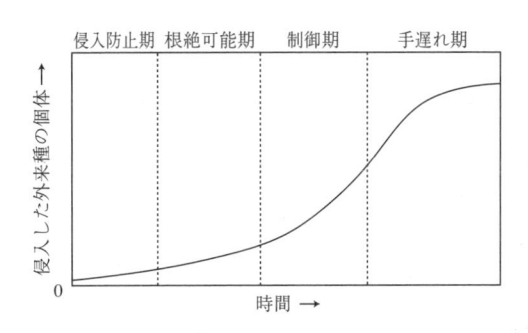

図3・1　侵略的外来種の増殖パターン[1]
駆除は早ければ早いほど効果が上がる

1. 駆除計画

　ブラックバスを計画的に駆除するには，まずブラックバスの基本的な生態を知っておくことが前提となる．止水性のオオクチバスと流水性のコクチバスの違いはもとより，原産地のアメリカと移殖地の日本では生息環境が異なるため，それぞれ生態が異なる可能性もある．そのため，駆除計画をより実効性のあるものに改善するためには，実際に侵入してしまった水域におけるブラックバスの現存量と生活環を知っておかなければならない．現存量は，マーキングした個体の再捕率から推定するのが常法で，どのくらいの駆除努力を必要とするかを決める目安となる．さらにブラックバスの年齢構成を明らかにしておけば，繁殖に加わる親魚の個体数も推定できる．一般に，わが国におけるブラックバスの産卵期は5月上旬〜7月上旬（水温13〜15℃）といわれ，6月が盛期である．雄は直径50cm，深さ15cm程度の巣を作り，卵稚仔を保護する．巣は水深0.3〜1.5mの水草やヨシの生える砂礫底に作られる．メスは成熟すると，体長40cmの個体で約12万5千粒の卵を卵巣に持つ[2]．繁殖阻害こ

そ最大の駆除効果が得られるので，繁殖期に駆除努力を集中させる必要がある．そのためにはあらかじめ産卵期や産卵場所など繁殖にかかわる地域特性を把握しておきたい．琵琶湖では体長33cm以上の優位な大型オス親魚が，産卵適地からほかの弱いオスを排除し，多くのメスを独占することが報告されている[3]．これらのことから判断すると，駆除対象としては，より大型の個体，成熟雌，営巣中の保護雄，卵稚仔に的を絞ればよい．

1）駆除目標

駆除を実施するためにはどこまで減らすのかという駆除目標を立て，侵入水域の特性，ブラックバスの繁殖度・定着度に見あう駆除方法を選ぶ．一般に，除去すべき個体数は"集団の有効サイズ" Minimum Viable Population Size（MVPS）が目標となる．"集団の有効サイズ"とは個体群を存続させるのに必要な最小の数のことである．また，個体の除去や生活環を完結させない方法は，絶滅確率によりその効果を計ることが可能である．絶滅確率は遺伝的多様性が小さいほど大きいと言われる．これらのことは，たとえ人の手で取りつくせなくても，"集団の有効サイズ"まで数を減らせば，後は自然に絶滅していく可能性があることを示している．

どのような方法をとるにしても，在来生物への影響について綿密に想定しておくことが絶対条件となる．すなわち，駆除を実施するためには，駆除後の復元目標までを見据えたプランをあらかじめ立てておく必要がある．それにはブラックバスに食い尽くされた在来魚（地づき個体群）の再導入も当然含まれる．ブラックバス駆除にともなう影響は直接的な場合もあれば，複雑な生態系を通じて間接的に現われる場合もある．お城の堀やため池など狭くて閉鎖的な水域では，ブラックバスが駆除されると変化はすぐに現われるだろう．それは特定の水生生物が異常に増えたり，生物相が変化したりするなどの生態学的反作用として現われる．時には在来生物の復元目標からはずれるような思わぬ結果を招くこととさえあるので，事前にさまざまな生態的役割を担うべき在来生物の個体群動態をシミュレーションしておくことが望まれる．

2）ブラックバスの処理

回収したブラックバスの処理は大きな課題である．その取り扱いについては地方により事情が異なるので，駆除を行なう担当者の間で十分に議論を尽くしておく必要がある．滋賀県は釣り上げたオオクチバスとブルーギルのリリースを禁止し，両種をまとめて回収するという制度を確立している．回収された個体は魚粉化され，肥料，動物の餌などに供されている．外来魚を駆除する際に，バスやギルの料理法や食材としての可能性をいたずらに宣伝してはならない．なぜなら，度が過ぎればバスそのものの有効利用にもつながり，本来の目的にはずれる危険性があるからである．

2．駆除の実例

1）釣　り

ブラックバスを対象とする釣りの方法ではルアー釣りが一般的だが，餌釣りの方が効果的だといわれる．餌にミミズ，ザリガニ，ドジョウ，小ブナなどの生餌を使ってリール釣りする．バスはブルーギルにくらべて警戒心が強く，その傾向は大型であればあるほど強い．琵琶湖では，バス・バスターズと呼ばれる駆除ボランティアの人たちが，細い道糸をグレ用の長い竿（5m以上）に装着させて大量に釣り上げている[4]．釣りによる駆除はどのような水域でも応用が可能で，一般市民が参加でき，

在来の他魚種をリリースできる点で優れるが，駆除効率がやや悪いので琵琶湖のように広い水域では多くの釣師を動員する必要がある．

2）延　縄

長い糸に多数の釣針をつけ，生餌を用いて一度に多くの魚を釣り上げる方法である．比較的大型の個体が釣れる．浅くて砂泥底の湖沼において夜間にしかけるとナマズやウナギなどの在来の肉食魚，お城の堀ではそれに加えてクサガメやスッポンが混獲される危険性がある．ダム湖のような深い水域の沖目で利用するとよい．

3）網漁具

漁業で普通に使われている方法の転用で，駆除水域の環境に合わせて種々の網漁具を使い分ける．多くは沿岸から近い水域で行なわれるので，河川や湖沼の浅い水域での利用に向いている．

投網：もっとも一般的な網漁具で，透明度が高ければ産卵床付近にいる大型のブラックバスを狙い打ちできる．また，船だまりなどで群れて越冬する中型個体を発見できれば，一網打尽にできる．

地曳網：ブラックバスの産卵場で引網すると，成熟親魚の採捕のみならず産卵床も破壊できるので効果的である（図3・2）．ただし，曳網時に水草を痛める危険性があるので取り扱いには注意を要する．

定置網：オオクチバスがよく集まるところに設置して，定期的に個体を回収する．琵琶湖では漁業者がエリ（魞）と呼ばれる定置網の一種で漁獲する．エリは網地のかわりにすだれを立てて魚を袋部分へ迷い込ませる漁具である．

かご網：もんどりの一種で，餌で魚をおびき寄せ，戻り構造のため外に出られなくなったところを網ごと引き上げ捕らえるトラップである．京都市深泥池では，ガザミ用かご網を餌なしでしかけ，ブルーギルを駆除している．ブルーギルは好奇心が強く，視覚を頼りにかご網内に自ら入るようである．この性質は同じサンフィッシュ科のブラックバスも共有している可能性があり，今後かご網による駆除も考えられよう．

三枚網：水産庁では，産卵場所に近づくバス親魚を三枚網や刺網で漁獲することを提案している．刺網ではバスは上顎を絡ませる"絡み"により採捕されるが，同時にフナも"刺し"により採捕さ

図3・2　宮城県における地曳網によるオオクチバスの駆除作業（提供：高橋清孝氏）

図3・3　刺網によるオオクチバスの駆除作業（提供：高橋清孝氏）

れるので，大型の網を使う場合目合いの大きさによっては在来種が混獲される危険性もある[5]．しかし，長野県青木湖では，コクチバスの全漁獲尾数の86％が日出から日没に羅網し，在来魚のフナは92％，コイは91％が日没から日出に羅網したことが報告されている[6]．このことから，刺網を日の出から日没に設置することにより，コクチバスを漁獲し，フナやコイの混獲を減らすことはできるかもしれない．

　三角網：宮城県伊豆沼ではバス・バスターズが稚魚採集専用の三角網を考案している（3・3参照）．ブラックバスは雄親の保護下，体長2～3cmまで群れをなす．これらの群れをまとめて捕獲すればバス個体群に与える駆除効果はさらに大きくなるはずである．

4）エレクトロショッカー

　アメリカのSMITH-ROOT社の専売品で，エレクトリック・フィッシャーとも呼ばれる電気漁具のことである．魚が電流により痙攣し陽極に引っ張られる性質を利用して捕獲する[6]．操作が比較的簡単で魚を殺さずに効率よく捕獲できる．ただし，オイカワなどは刺激が強すぎるとショックにより脊柱が湾曲することがある．わが国の河川調査では，バックパック（背負子）のショッカーがよく使われる．使用に当たっては地方自治体の許可が必要である．欧米の湖沼調査では，大型のショッカーを船首に搭載したエレクトロフィッシングボート（電撃漁獲船）がしばしば利用される．ボートの本体は組み立て式のFRP救命ボートで，大型ショッカーは発電機により出力する．ブラックバスは電気ショックを受けると気絶し，白い腹を見せる．これを目安に大型の個体をタモ網ですくい捕り，駆除する．エレクトロフィッシングボートは，広い水域を自在に哨戒できる利点がある．その反面，1式数百万円もかかるので，一般向きではない．むしろ国立公園内の湖沼やお城の掘など公共施設管轄の水域に適する．わが国ではオオクチバスの駆除を目的に，すでに北海道立水産ふ化場が大沼公園に，環境省が皇居外苑濠にそれぞれ導入している（図3・4）．本来，外来魚など侵入するはずもない公共水面において，実際にエレクトロフィッシングボートで駆除を行なえば人目を引くだろう．それは駆除もさることながら，一般に外来種問題を考えさせる上で絶好の機会を提供する．

図3・4　皇居外苑壕におけるエレクトロショッカーボートによるオオクチバスとブルーギルの調査・駆除
（提供：環境省皇居外苑管理事務所）

5）産卵床の破壊

　オオクチバスとコクチバスの生息場所は多様であるが，繁殖場所は比較的限られ，主に流れのない水深0.3～1.5m，水草が生えた砂礫底が選ばれる．1995年にコクチバスが密放流された栃木県中禅寺湖では漁業協同組合員を中心としたバス・バスターズが，バス産卵床に産着された受精卵を水中掃除機で砂ごと吸引し，回収し破棄．さらに親魚を水中銃で仕留めたり，釣りや刺網を併用し捕獲した結果，2002年には根絶に成功した．琵琶湖では，産卵床に砂がかぶせられるとオオクチバスの保護オスは産卵床を放棄し，卵もすべて死滅することが報告されている．同様の現象は，長野県青木湖の

コクチバスでも確認されている[8]．これらの繁殖抑制方法は，水中での作業が強いられ，中禅寺湖，青木湖，琵琶湖北湖のような透明度の高い水域でないと実施できない．

6) 人工産卵床

水ににごりがあり透明度が低いような水域では，ターゲットとなるオオクチバスの産卵床を見つけることが難しい．そのような場所では人工産卵床を設置してオオクチバス・メス親魚をおびき寄せ，産卵床ごと産着卵を回収するのがよい．宮城県内水面水産試験場では苗ポットトレイをつなぎ合わせ，中に小石を敷き詰めた人工産卵床を考案している[9]．産卵床に卵を産みつけたかは筒めがねを底まで近づけて直接確認する．最近ではピンポン玉センサー付の改良型が考案され（図3・10），宮城県伊豆沼では徐々に効果を上げている．これらの装置は安価で簡便に作製できる上，在来の他魚種を含む生物群集にまったく影響を与えないので，今後に大いに期待される．（3・2参照）

7) 産卵場所の干出

繁殖期に水位を急激に低下させることにより産卵場所を干出させ，繁殖を抑制する方法である．福島県三春ダムによって堰きとめられたさくら湖では，水温約18℃の繁殖期に，1日当たり0.27mずつ，9日かけて2.5m以上水位を低下させると繁殖抑制につながることが報告されている[10]．また，湖岸の水際でオオクチバスのふ化後20日前後の稚魚が多数死亡していたことから，水位低下は産卵床の干出のみならず浮上後間もない稚魚にも効果があることが示唆された．ダム湖の場合，条件が整えば目的に合わせて自在に水位を調整できるのでこの方法を実行しやすい．ただし，浅瀬には在来の他魚種も産卵するので，魚類相が貧弱なダム湖などに限るべきである．

8) 搔い堀り（池干し）

お城の堀，ため池，農業用水路など小規模で閉鎖的な水域において，完全に水を抜いて外来魚を駆除する方法である．この方法はもっとも効果的で外来魚を根絶まで追い込める．池干しに際しては，動植物を問わず在来種を保全する見地から，緊急避難や保存措置をとり，干出期間を可能な限り短くすることが望まれる．また，外来魚個体の取りこぼしがなかったかを確認するために，搔い堀りの後にしばらくの期間モニタリングをしなければならない．

環境省は，皇居外苑濠の1つ，牛ヶ淵で2003年2～3月に水門全開と排水ポンプで濠の水を排出したが，浸出水や湧水のため残水したにもかかわらず，オオクチバスとブルーギルを完全に根絶させている．

図3・5 宮城県の生袋ため池における池干し　水中ポンプによる完全池干（左），池干しに参加する子供たち（右）（提供：高橋清孝氏）

池干しはため池を掻い堀りするもので（図3·5），かつて里山で農閑期の冬に普通に行なわれていた．冬季に実施するとブラックバス稚魚はみられないので，小さな個体を見逃す恐れが少なくなる．水抜きの際には取水口での網受けや簗受けを徹底するなど，下流域へのブラックバスの逸失に十分に注意しなければならない．池干しを行なうためには，ため池を管理する農業従事者や土地改良区の人たちの理解と協力が必要なのは言うまでもない．

9）パイプカット手術

外来魚野生個体群の駆除を目的に不妊化を行なうには，メスよりも営巣から保護までを担うオスを対象にしたほうが繁殖へのダメージは大きくなる．パイプカット手術は滋賀県水産試験場が開発した技術で（図3·6），輸精管切断によってオオクチバス・オス親魚を不妊化させる[3]．生殖孔からかぎ針を差し込み輸精管に引っ掛け，数回回転させて切断する．この手術を受け死亡したオスは14尾中わずかに2個体のみで，不妊化率は71％，精液はにじみ出なかったという．パイプカットされたオスは正常な繁殖行動を行ない，しかも卵が未受精で死滅すると産卵床を放棄し，再びメスを誘引することが確かめられている．一方，ブラックバスのメスは1産卵期間中に数回産卵するので，不妊オスが営巣すればメスの複数産卵にも対処できる．オオクチバスのオス親魚は大きいほど産卵適地を独占する傾向にあるので，大型のオス親魚を不妊化すれば，より効率的に繁殖抑制ができるだろう．

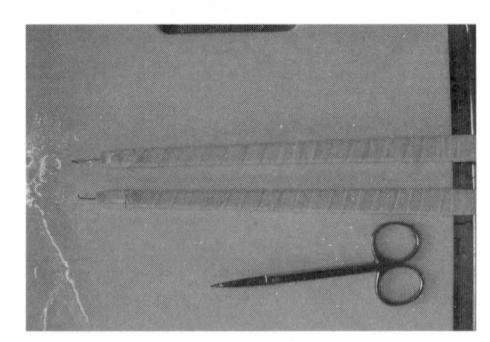

図3·6　オオクチバスのパイプカット手術（左）と用具（右）（提供：滋賀県水産試験場）

10）放射線照射による不妊化

アメリカのニップリング博士は，幼虫が羊や牛の皮下をはいずりまわる寄生虫，ラセンウジバエを駆除するために，放射線のガンマ線で処理した不妊オスを野外に放出し，根絶させることを思いついた．いわゆる不妊虫放飼法である[10]．ラセンウジバエの成虫オスは1回だけ交尾し，メスは交尾後家畜の皮膚に卵を産みつける．もしオスが不妊であれば，メスの産卵はすべて無駄になるという原理である．ガンマ線は波長の短い電磁波で，個体を死に至らしめない程度の線量だと突然変異を引き起こす．アメリカ政府は駆除計画を事業化させ，1950年代にフロリダ半島と南米ベネズエラのキュラソー島，1960年代にマリアナ諸島でラセンウジバエをついに根絶させている．わが国では南西諸島や小笠原諸島において野生のウリミバエを駆除した話は有名である[11,12]．理論的にはブラックバスにガンマ線処理を行なえば不妊オスの作出は可能で，同様な効果が期待できる．しかし，バス個体群に影響を与える不妊オスの量産には設備の面でも，コストの面でも大きな労力を必要とする．

11) 3倍体作出による不妊化

動物の個体の本体は染色体が対となってできた2倍体（2n）である．成熟すると卵巣または精巣の中で減数分裂を行ない，半数体（n）の卵子または精子を作る．染色体工学を応用して人為的に3倍体を作出すると，その個体は正常に発育するが不妊となる．人為3倍体は成熟に要するエネルギーを成長に振り替えることができるので，2倍体よりも大きくなる．アユ人為3倍体オスは正常の2倍体メスを追尾する行動を行なうことが確かめられており[13, 14]，もしブラックバス人為3倍体オスが得られればパイプカットと同様な効果が期待できよう．現在，バス類の3倍体作出技術は確立していない．また，一方の性，すなわちオスに固定する操作も必要である．しかし，魚類育種の分野では，養殖種を対象に受精卵を加圧したり低温処理することで容易に3倍体を作出している．これらの技術や情報を活用すれば，ブラックバスの3倍体作出は難しくないはずである．

12) 天敵の放流

農業では害虫駆除のためしばしば天敵を導入することがある．日本の在来淡水魚のうち，ナマズとウツギは小型のブラックバスを，ウグイは産着卵をよく捕食することが確かめられている[8]．実際に，ナマズをブラックバスと同じ水槽に入れると，ナマズは夜になると嗅覚をたよりにブラックバスを積極的に追い回すのが観察できる．これらの在来の肉食魚は必ずしもブラックバスのみを専食するわけではないので，駆除目的に在来淡水魚を天敵として導入する場合，地づき個体群由来の個体を放流することはもちろんのこと，天敵は何をしでかすか分からないとするフランケンシュタイン効果（1・1参照）を想定しておく必要がある．実際に，渡瀬線で知られる渡瀬庄三郎博士が，1910年にハブ退治のために天敵として沖縄に導入したジャワマングースは，予想に反して，トゲネズミやアマミノクロウサギなど在来の希少動物に大きな影響を与えている．隔離された山上湖やお城の掘のように，やや広さがあり単純な魚類群集からなる閉鎖水域であれば，実用が可能かもしれない．

13) 病魚の放流

生物には限られた種だけがかかる病気がある．その例として，近年，世界的に流行したコイヘルペス病が挙げられる．特定の外来種だけがかかる病原菌を培養して，感染させた宿主を野外に放出して病気を蔓延させ，外来種を駆除する方法がある．有袋類が独自の進化をとげているオーストラリアでは，外来種であるウサギの駆除を目的に，1996年に致死性のカリシウイルス（Calicivirus）に感染させたウサギを放ち，効果を上げている．バス類はスズキ目の淡水魚であるので，コイ目を主体とするわが国の在来淡水魚とは異なる感応性や特異性をもつものと予想される．1995年にアメリカ・サウスカロライナ州のダム湖で起こったオオクチバスの大量死はイリドウイルス（Iridovirus）によって引き起こされ，オオクチバス・ウイルス（LMBV）と名づけられた[15]．イリドウイルスは，海の養殖現場において発症するリンホシスチス病（lymphocystis disease）の病原菌としてよく知られている．ブリ，タイ，スズキはこの病気にかかると，体表がいぼ状の白い塊で覆われて衰弱する．興味深いことにブルーギルではすでに確定株が分離されている[16]．

病原菌を用いて外来魚の駆除を行なうための条件として，病気を引き起こす本体をつきとめ分離するとともに，在来魚には感染しないことを確かめることが絶対である．オオクチバス・ウイルスについては，その後，分子レベルでの解析が進み，東南アジアで飼われていたドクターフィッシュ（ヨーロッパ原産のコイ科テンチ）とグッピーから分離されたラナウイルス（Ranavirus）に酷似している

ことが報告された[17]．*Rana* とはヒキガエル属を指し，内臓諸器官に出血性壊死を引き起こしてカエルやオタマジャクシを死に致らしめる．オオクチバス・ウイルスがはたしてオオクチバスだけを宿主とするのか明らかではない．さらに，ウイルスは進化スピードが速いので，突然変異によって容易に宿主を変える危険性もある．今後ブラックバスだけを死に致らしめるような病原菌の探索を目的とした研究開発は必要であるが，現状では病魚の放流はリスクが大きすぎて，いかなる情況においても実施すべきではない．

14) 薬　殺

北米では池沼など閉鎖水域において魚類の単一種養殖を目的に，在来魚や外来魚など雑魚を薬殺することがしばしばある．好ましくない魚を駆除する化学薬品は特に殺魚剤（piscide または fish toxicant）と呼ばれる．現在，アメリカ政府が許可している化学薬品には，ロテノン（rotenone），アンティマイシン A（antimycin A），TFM（3-trifluoromethyl-4-nitrophenol），ベイルサイド（bayluscide）の4種類がある[18]．TFM とベイルサイドはあわせてランプリサイド（lampricide）と呼ばれる．lamprey とはヤツメウナギの英名，五大湖周辺で寄生により漁業被害をもたらしているウミヤツメ専用の駆除剤である．したがって，バス類に使用するのはロテノンとアンティマイシン A である．

ロテノンはもっとも一般的な駆除剤で，植物由来の天然農薬（$C_{23}H_{22}O_6$）として知られ，粉末と液状がある．一般に，ミトコンドリア内の水素伝達系の働きを阻害し，魚では鰓の酸素の流れを悪くする作用があると言われる．北米には，淡水，海水を問わず，フィールドでロテノンを散布して目的とする魚種を採集する不心得な研究者がいる．コイやナマズ目のブルヘッドのように低酸素環境に強い魚種はロテノンに対して耐性があり，そのほかの魚種でも受精卵であれば死なず，さらに鳥類や哺乳類にはあまり効かないとされる．効果を有効に発揮させ，しかも処置後の分解も期待するには20℃以上の水温で使用するのが望ましい．毒性は熱帯域のような高温では8～12日程度，低温であれば3ヵ月以上も持続する．ただし，魚に忌避行動を誘因するので，過マンガン酸カリで中和しなければならない．

アンティマイシン A は，別名をエゾマイシン，商品名をフィントロール-5（Fintrol-5）という抗生物質である．アメリカでは1971～1991年の間製造されていたが，現在では許可されていない．ロテノンのように細胞内呼吸を阻害する働きがあるが，魚に忌避行動を誘引させない．効果は軟水で発揮するので，わが国の水に合うかもしれない．

ロテノンもアンティマイシン A もため池など隔離された水域でのブラックバス駆除に有効と思われるが，少なくともわが国においては魚類の駆除を目的とした使用は許されていない．

3. 駆除の課題と技術開発

ブラックバスの駆除方法をいくつか紹介したが，ブラックバスを根絶できる方法は掻い堀りなどわずかな方法と地域に限られる．また，不妊オスや病魚などの人為的に操作した個体を自然環境へ放流する技術および薬殺は，成功すれば効果は絶大であるが，現状ではどれもリスクが大きく，実施できるようなレベルには達していない．

一方，釣り，網漁具，人工産卵床による駆除は，それぞれが手間のかかる作業を必要とするが，

在来の生物群集に与える影響は比較的小さい．これらを情況に応じていくつもの方法を組み合わせれば，安全でかなりの効果が期待できる．これらは市民ボランティアによって担われ，伊豆沼方式はまさにその典型である．

　今後，駆除効率をさらに上げるためには，ブラックバスを特定の場所に誘引させるような技術開発が必要である．ウリミバエ駆除では集合フェロモンと殺虫剤を組み合わせた方法が採用され，実績を上げた．コクチバスのオスの尿には雌を誘引する性フェロモンが含まれることが示唆されている[19]．人工産卵床の小石に性フェロモンを吸着させれば，多くの成熟したメスが誘われることが期待できる．

　駆除の技術開発はまさに萌芽期にある．野放図に拡大してしまったブラックバスを本格的に駆除するのなら，今後，水産研究所，水産試験場，大学などの機関における研究にとどまらず，企業も参画させ，ブラックバス専用の駆除装置や薬剤を商品化させることも必要かもしれない．実際に，駆除産業は環境経済学の視点からも将来性があることが裏づけられている[19]．

　駆除方法を紹介するにあたり，シナイモツゴ郷の会・高橋清孝博士，名城大学・谷口義則博士，近畿大学・江口　充教授，琵琶湖博物館・中井克樹博士，自然環境研究センター・加納光樹博士，水産工学研究所・藤田薫博士，養殖研究所・北村章二博士，滋賀県水産試験場・桑村邦彦技師，長野県水産試験場・河野成実技師，環境省・神崎政良氏他多くの方々から情報や写真を提供頂いた．謝して本稿を閉じたい．

引用文献

1) Hobbs, R. J. and S. E. Humphries, 1995：An integrated approach to the ecology and management of plant invasions, Conservation biology, 9, 761-770.
2) 杉山秀樹，2005：オオクチバス駆除最前線，無明舎，268pp.
3) 桑村邦彦・太田滋規，1992：オオクチバスの輸精管切断による不妊化と繁殖阻止効果，平成4年度滋賀県水産試験場事業報告，57-58.
4) 本多　清：市民が結成したブラックバス撲滅部隊「外来魚バスターズ」，自然産業の世紀（In アミタ持続可能経済研究所編），創森社，173-175.
5) 藤田　薫・本多直人，2003：コクチバスの繁殖抑制技術の開発－漁具に対する行動特性の解明と捕獲技術の開発，外来魚コクチバスの生態学的研究および繁殖抑制技術の開発，研究成果第417集，農林水産技術会議事務局，18-21.
6) 本多直人・藤田　薫，2005：刺網浸漬時間帯によるコクチバスの選択漁獲，日本水産学会誌，71, 60-67.
7) 山本祥一郎，2002：魚類の調査方法（1）エレクトロフィッシャー（電気漁具）使用の注意点，魚類学雑誌，1, 72-73.
8) 内田和男・阿部信一郎・清水昭男，2003：コクチバスの繁殖抑制技術の開発－卵や仔稚魚の生残様式の解明と繁殖抑制技術への応用，外来魚コクチバスの生態学的研究および繁殖抑制技術の開発，研究成果第417集，農林水産技術会議事務局，pp. 69-86.
9) 高橋清孝，2005：オオクチバス *Micropterus salmoides*，駆除の技術開発と実践，水産学会誌，7, 402-405.
10) 斉藤　大・宇野正義・伊藤尚敬，2003：さくら湖（三春ダム）の水位低下がオオクチバスの繁殖に与える影響，応用生体工学，6, 15-24.
11) 伊藤嘉昭，1980：虫を放して虫を滅ぼす－沖縄・ウリミバエ根絶作戦私記－，中央公論，183pp.
12) 小山重郎，1994：日本におけるウリミバエの根絶，日本応用動物昆虫学会誌，38, 219-229.
13) 稲田善和・谷口順彦，1990：人為三倍体アユの諸特性について，水産育種，15, 1-9.
14) Iguchi, K. and F. Ito, 1994：Occurrence of cross-mating in ayu: amphidromous x land-locked forms, and diploid x triploid, *Fish Science*, 60, 653-655.
15) Plumb, J. A., J. M. Grizzle, H. E. Young and A. D. Noyes, 1996：An iridovirus isolated from wild largemouth bass, *Jour. Aqua. Animal Health*, 8, 265-270.
16) 伊沢久夫・福田芳生・阿部　勲・中島健次・長林俊彦，1983：水生動物疾病学，朝倉書店，351pp.
17) Mao, J., J. Wang, G. D. Chinchar and V. G. Chinchar, 1999：Molecular characterization of a ranavirus isolated from largemouth bass *Micropterus salmoides*, *Diseases of aquatic organisms*, 37, 107-114.
18) Kohler, C. C. and W. A. Hubert, 1993.：Inland fisheries management in North America, *American Fisheries Society*, Bethesda, Md.,

594 pp.
19) 北村章二, 2003：コクチバスの繁殖抑制技術の開発－誘引物質等による効果的集魚技術の開発, 外来魚コクチバスの生態学的研究および繁殖抑制技術の開発, 研究成果第417集, 農林水産技術会議事務局, 22-25.
20) 有路昌彦・本多 清：侵略者ブラックバスから「日本の水辺」を奪還する, 自然産業の世紀（In アミタ持続可能経済研究所編), 創森社, 157-172.

3・2
伊豆沼方式バス駆除方法の開発と実際

高橋 清孝

　宮城県では，1980年代から各地でオオクチバスが爆発的に繁殖し，内水面の生態系に大きな影響を与えている[1,2]．筆者は，宮城県内水面水産試験場が実施した漁場調査に参加し，深刻な状況に陥った伊豆沼や小魚が全滅したため池，わが物顔にバスの泳ぐ川を目のあたりにし，行政や内水面漁業者の対応に加え，市民レベルの取り組みが早急に必要であると痛感した．2002年，シナイモツゴの模式産地宮城県大崎市鹿島台に生息する絶滅危惧種シナイモツゴをバスの脅威から守ろうとシナイモツゴ郷の会を地域住民主体で結成（2004年からNPO法人化），さらに2004年，ラムサール条約に指定されている伊豆沼の生態系を復元するため，バス駆除の市民団体として伊豆沼バス・バスターズの結成を呼びかけた．結成後はこれらの一員として活動し，バス駆除と生態系保全の活動に携わっている．一方，市民参加が可能なバス駆除を実現するため，バスの生活環，特に稚魚期の生態を観察しながら，大がかりな漁具を使用しないバス駆除技術の開発にも取り組んできた．

　これまでの研究により，伊豆沼ではバス稚魚が他魚種の稚魚を捕食するため，コイ科魚類などの稚魚の割合が減少して生息数が激減していると考えられている[1]．その影響は魚にとどまらずトンボなど昆虫，カラスガイなど二枚貝，カイツブリなど野鳥を含む水域周辺の生態系全体におよぶと考えられる[3]．したがって，バスの食害により崩壊しつつある生態系を復元するためには，バス幼成魚の生息数を減少させると同時に繁殖を阻止することが重要である．ここでは，著者らが宮城県内水面水産試験場で開発した繁殖阻止主体の駆除方法[4,5]を述べると同時に，そのマニュアルを紹介することにより市民団体と行政の協働によるバス駆除を提案する．

1．繁殖阻止方法の開発

　池干しによる完全駆除が困難な水域で，バスの食害軽減による生態系復元を図るため，伊豆沼と長沼で繁殖阻止方法を検討した．

1）地曳網による捕獲

　産卵場に集まる親魚の捕獲を地曳網で試みた．全長30mの網で天然産卵場の一部を包囲し，岸側へ10名前後で曳いたが，1回当たりの成魚の捕獲尾数は0〜2尾で，効率が悪く実用的ではなかった．

2）人工産卵床

　透明度の低い水域では産卵床を容易に発見して破壊することはできない．さまざまな材料を用いて人工産卵床128個を試作し，伊豆沼の産卵場に設置し，親魚の誘導と産着卵の駆除を試みた[5]．

　産卵床枠は野菜苗ポットトレーが産卵率と経済性から最適であった．また，産卵基質として直径20〜30cmの石，ブロック，人工芝で人工産卵床を作成して実験したが，いずれも産卵率は0〜25％と低率であった．しかし，砕石（直径4〜5cm）のみを敷いた産卵床では40〜100％の産卵率

図3・7 産着卵回収装置（人工産卵床）に産みつけられたオオクチバス卵

が得られ，砕石が有効であった．さらに，カバー（衝立）としては三方を遮蔽するコの字型プラスチックネットが有効で，コの字型カバーと野菜苗ポットトレーと砕石の組み合わせで産卵率100％が得られた．これを利用すれば透明度の低い水域でもブラックバス親魚を誘導して産卵させ，効率良く卵を駆除できると考えられる．2004年には伊豆沼バス・バスターズ（3・3参照）が450個の改修装置を作製して産卵場に設置し，120万粒のバス卵を除去した．また，2005年には400個を設置し，約250万粒を除去した．

3）営巣センサーの開発と実用化

透明度の低い水域でオオクチバスの卵と親魚を駆除する人工産卵床は，構造が単純で主に廃棄物を利用することから，誰でも安価に作成可能である．しかし，観察と卵回収作業に多くの人手や時間を要するのが難点であり，簡易省力化が課題として残った．これを解決し，誰もが短時間で簡単確実に観察可能とするため，営巣センサーを考案した．水槽実験を経て，伊豆沼の産卵場で種々改良を加えながら導入試験を繰り返し，2005年に実用化に成功した[6]．

バスは産卵前，人工産卵床の小石を跳ね上げて盆状の穴を掘り，周辺に卵を産みつける．人工産卵床で捕獲された雄の尾びれは，ほとんどがすり切れて出血しており，掘削行動の激しさが伺われる（図3・8）．営巣センサーはこの性質に着目して考案された．

浮力の大きな模造石（ピンポン玉）を磁石によって鉄板に固定し，人工産卵床に設置する．バスが産卵床を掘り下げると，模造石は周囲の石とともに跳ね上げられて水面に浮上する．模造石は流失しないようにナイロンテグスなどで産卵床につながれている．これは直結式センサーと呼ばれ，宮城県が特許を取得した（図3・9，特許3811816号）．

実験では，雄親魚が人工産卵床で営巣すると，センサーの模造石（ピンポン玉）がすべて浮上し，100％反応した．その後実施した伊豆沼の現地実験では模造石が浮上・反応しても産卵が確認されな

図3・8　激しい掘削行動で損傷した尾びれ下葉

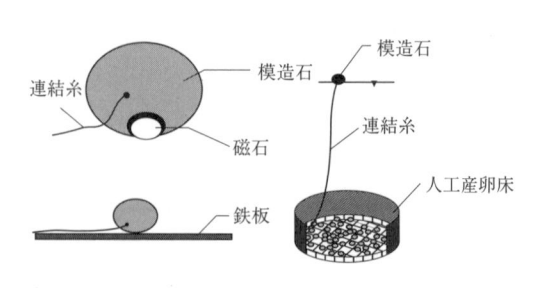

図3・9　直結式営巣センサー模式図（特許3811816号）

い場合があったことから，リセット式センサーを考案した（図3・10）．これは産卵床を水面に引き上げることなく模造石をリセットできるように改良を加えた装置である．同時に連結糸をプラスチック管中に格納したことにより，水中を漂う水草などが糸にからまるのを防止し，誤反応を減少させることができた．

模造石はプラスチック管中の金属棒と糸で連結している．金属棒をもち上げて連結糸を引き寄せることにより，浮上した模造石を水面下へ引き下げて産卵床の鉄板上に再度固定することができる．

人工産卵床23基にセンサーを装着後，3～7日間隔で産卵床の状態とセンサーの反応を観察した．センサーは巣穴が掘られた産卵床や産卵のあった産卵床ではほぼすべて反応した．しかし，直結式センサーでは巣穴が認められない時も誤作動して浮上することがあった．これは水中を漂う水草が連結糸にからんで模造石を浮上させたためと考えられる．

センサーが反応し巣穴が掘られた産卵床では10～50％で産卵がみられた．産卵開始期の5月上中旬の産卵は400個の産卵床に対し0～27個とわずかであり，巣穴を形成しても産卵に至らない場合が多かったため，反応数に対する産卵率は10％前後と低かった．

盛期の5月下旬以降は産卵が毎回17～45個みられ，反応した産卵床の30～50％で産卵が確認された．産卵のあった人工産卵床の周囲には巣穴のみで未産卵の人工産卵床がみられたことから，1尾の雄が2個以上の人工産卵床で営巣し，このうち1～2個で産卵していると考えられる．したがって，反応のあった産卵床ではほとんど営巣していると判断できたが，産卵についてはこの内1/3程度であり，卵を駆除するためには最終的に観察筒による確認が必要である．しかし，観察対象を反応のあった産卵床に限定できるので，作業を大幅に省力化できる．

さらに，センサーが反応し産卵のあった人工産卵床において，ほかの人工産卵床と同様に刺網による親魚の捕獲が可能であった．このことから，センサー反応後も営巣の継続が確認され，模造石の浮上による行動への影響は少ないと考えられた．

以上の結果から，センサーはバスの産卵を含む営巣行動に対し鋭敏に反応することがわかった．このセンサーを利用することにより初めての人でもオオクチバスの営巣を容易に短時間で確認できるようになった．また，1m以上の水深があって立ち入り困難な場所においても，陸上から反応を観察することが可能であり，ボートを使用すればリセットや卵の駆除も可能である．したがって，多様な水域における駆除や産卵調査にも利用可能である．

この装置に関する図表や写真については高橋[6]あるいはシナイモツゴ郷の会のホームページで参照可能である．また，地元企業の東北興商株式会社がセンサーと人工産卵床を一体化して製品化し，2006年4月から提供を開始した（図3・10）．

4）タモ網採集

体長20mm以下の稚魚は産卵場近くの岸辺に浮上し密

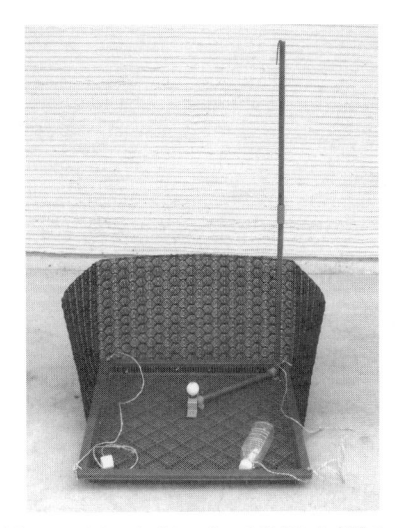

図3・10　リセット式センサーを装着した市販の人工産卵床

表3・1 タモすくいによるバス稚魚捕獲尾数（伊豆沼）

	バス稚魚重量	バス稚魚尾数	平均体重	
6月4日	2,000	40,282	0.05	12人2時間
6月12日	3,370	9,327	0.28	6人2時間
6月12日	7,100	71,433	0.10	6人2時間
6月18日	1,001	4,747	0.20	3人20分
6月23日	5	7	0.75	2人20分
合計	13,476	125,796		

表3・2 タモすくいによるバス稚魚捕獲尾数（長沼）

	バス稚魚重量	バス稚魚尾数	平均体重	
5月28日	18,400	232,030	0.08	10人2時間
6月4日	9,400	66,663	0.12	10人2時間
合計	27,800	298,693		

表3・3 長沼の定置網18ヶ統によるバス稚魚の捕獲尾数

	捕獲尾数	平均体重	バス比率
6月9日	849,383	0.10	97.0
6月16日	219,615	0.25	98.2
6月23日	36,010	1.28	71.6
6月30日	19,391	1.48	64.6
合計	1,124,399		

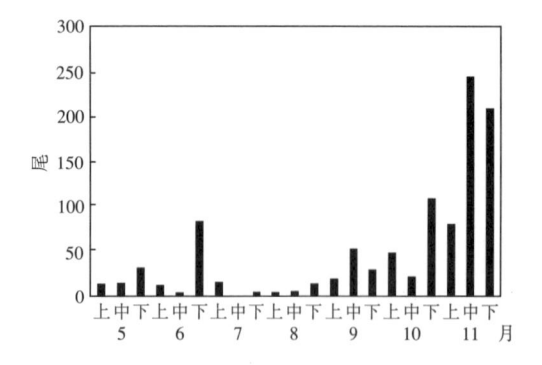

図3・11 3ヶ統の定置網によるオオクチバス旬間漁獲尾数の変化

集するため，タモ網による採集が可能である．2003年に伊豆沼・内沼漁協と長沼漁協は5月下旬〜6月上旬にかけて約10名が半日で1回当たり1〜23万尾，合計42万尾を捕獲した．2004年には伊豆沼バス・バスターズがこの方法により108万尾の稚魚を駆除した（表3・1，2）．さらに，2005年にはショウブやフトイ群落の中やその周辺で浮上前の稚魚をすくいとることができるようになり，500万尾以上の稚魚を駆除した．

5）定置網による移動分散期稚魚の漁獲

6月中旬以降体長20mm以上に成長したバス稚魚は産卵場から周辺漁場へ分散移動する[7]．このとき，産卵場周辺の定置網に1ヶ統1日当たり1万尾以上入網することが多く，ほかの魚の混獲も少ない（表3・3）．2003年6月に長沼漁協は18ヶ統の定置網を設置して合計112万尾を駆除した．しかし，2004年以降は稚魚の入網が極度に減少している．これはタモ網による稚魚の駆除が進んで移動分散期の稚魚が減少したためと推定される．

6）秋季の定置網による幼成魚の漁獲

伊豆沼では小型定置網が常時10〜20ヶ統設置され，バスは周年捕獲されるが，水温が下降する11〜12月に捕獲尾数が増加する[4]（図3・11）．この結果を受けて，伊豆沼・内沼漁業協同組合は11月初旬〜12月中旬に100ヶ統の定置網を設置してバスを捕獲している．2001〜2005年には，毎年，20,000〜80,000尾のバス幼成魚を駆除した．

2．伊豆沼方式バス駆除の実際
1）人工産卵床による卵駆除

雄親が巣（産卵床）に雌を引き入れて卵を産ませ，卵とふ化仔魚を保護する習性を利用して，人工産卵床に産みつけられた卵とそれを守る親を駆除する．

①**構造と組み立て方法**

外枠の箱：苗ポットトレーが経済性からもっとも適している（図3・12）．園芸店やホームセンター園芸コーナーなどで無料入手可（事情を説明して丁寧にたのむこと）．ただし，直径4cm前後の砕石を敷くので底にプラスチック製の網を敷く必要がある．

苗ポットトレーの1辺をデスクグラインダーなどで切断し，切断したトレー2個を針金やプラスチック製結束バンドなどで連結し，60～70cm四方の角形にする．少し産卵の確率は下がるが40～60cmの単体トレーにも産みつける（図3・12, 3, 4）．

金属製の底網を使用した場合はほとんど産卵がみられなかった．金網の針金部分は卵との接着面が小さいので，産着卵が付着しにくいのではないかと推察される．また，給食用などに使用される穴の開いていないトレーなどプラスチック製の箱は浮泥がたまるのでバスの産卵にはあまり使用されなかった．卵は表面に浮泥が堆積するとへい死することがあるので，親魚は浮泥が堆積しない環境を選んでいると考えられる．

産卵基質：直径40mm前後の砕石を隙間なく敷きつめる．これまで試した中で砕石がもっとも良好であった．各種試験では基質としてさまざまなものを使用したが，直径20cm以上の玉石やコンクリートブロックの表面に産みつけた事例はほとんどなかった．玉石・ブロック試験区（砕石を敷いて玉石あるいはブロックを載せた）で産みつけられたものをみるとすべて，玉石あるいはブロックの脇に産卵していた．さらに，プラスチックカバーがあると，玉石あるいはブロックとカバーの間の狭い空間に必ず産卵していた．これらのことから，玉石とブロックはシェルター（カバー）として利用されたと考えられる．人工芝やむき出しの底網にも産卵するが低率だった．

大きな卵黄を持ち遊泳できないバス仔魚はふ化後卵黄を吸収するまで1週間程度巣の中で過ごす[8]．また，筆者らは人工産卵床の観察中に，バス仔魚は人が近づいたりして異変を察知すると砕石の間や下へ潜り込む行動を観察している．これらのことから，親魚は仔魚が外敵から身を守りやすいように隙間の多い砕石や砂利などを選んで産卵していると考えられる．

カバー：三方を囲む衝立（コの字型）が有効であった．高さは40cm程度，両サイドの長さは30～40cmとした．カバーの材質は目の細かいプラスチックネット，これを2枚に折り重ね強度を保つようにする（図3・12, 5～7）．

バスの卵や仔魚はブルーギルに食べられることはよく知られており，オイカワ，ヨシノボリなどにも食べられる[9,10]．親魚はこのような捕食魚から卵仔魚を守るため，三方を障害物に囲まれた場所を好むと推察される．

完成形：外枠として苗ポットトレー，基質として直径4cm前後の砕石，カバーとしてコの字型プラスチック網を使用し，これを組み合わせたものが最良だった．産卵床の両脇にひもの取手をつけておくと産着卵の洗浄処理などで水面へ引き上げるときに便利．目印は500ccのペットボトルを取手のひもに結わえ付ける．必要あれば識別番号札をペットボトルの中にいれる．さらに，もう一方の取手ひもに発砲スチロールなどの小片を結わえ付けて，両方の取っ手ひもを水面近くに浮くようにすると，ひもが発見しやすくなって洗浄作業などを効率よくできる（図3・12, 8）．

これを伊豆沼の産卵場に5基設置したところ，すべて産卵が認められ，ほかの装置にくらべ明らかに有効であった．

②設置方法

場所：産卵場付近に設置する．砂地で障害物の少ないところが最適である．近くに礫が多いと産卵率は低下する．設置後の観察しやすい1m以下の水深帯に設置するほうがよい．地元の人から設置期間中の水位変動状況を聞き取り，干上がったり深すぎたりしないような水深帯に設置する．1m以上

1 使用する道具	2 苗ポットトレー単体
3 一辺を切り取る	4 針金や結束バンドで連結
5 プラスチックネット	6 60cmに裁断し2つ折り
7 コの字型に取り付ける	8 砕石を敷きペットボトルを取り付ける

図3・12 産着卵回収装置の組み立て工程

の水深帯に設置する必要がある場合は，前述の営巣センサーを使用する．

　水底が泥質で浮泥の堆積が多い場所では産卵をあまり期待できない．強風が吹いて産卵床に浮泥が堆積すると，バス卵の多くがへい死することもある．

　時期：産卵開始前に設置する．伊豆沼では表面水温が16℃を越えると産卵が始まり，琵琶湖では25℃まで継続する[11]．例年の産卵状況を観察しながら設置期間を決める．伊豆沼では10～20日間隔で数回同時に産卵している様子で，少なくとも5月初旬～6月下旬まで産卵が確認されている．

図3・13　産着卵回収装置の設置

　間隔：設置間隔は5～6m以上とする．これは天然産卵場における産卵床の間隔[10]を参考にしている．

　その他：人工産卵床設置場所の目印として，500ccペットボトル空容器などにひもをつけて産卵床につなぎ，水面に浮かばせる．また，人工産卵床はバス釣りの好漁場となるので，釣針で引っ掛けられて転倒したり岸辺に引き寄せられたりすることがある．これにより装置が損壊するだけでなく，バスの産卵行動に影響するので周辺に立ち入らないよう釣師に呼びかける必要がある．無用なトラブルは回避し，極端な妨害により駆除作業に支障が生じた場合は，関係機関と相談し関係法令や規則の適用を含め，対策を検討する．

③観察・取り上げ

　観察方法：透明度の低いところでは観察用グッズが必要．観察筒で砕石表面を観察し，産着卵の有無を観察する．観察筒は長さ1.5m前後，肉厚塩ビ管の一方に透明プラスチック板をシリコン系接着剤で貼り付けたものを使用する．水温により産卵後4～5日でふ化するので週2回観察し，これが困難な場合でも最低週1回の観察が不可欠である．観察が困難な場合は前述の営巣センサーを導入すれば，場所によっては陸上からも営巣を確認できるので，簡易省力化することができる．

　親バスの捕獲：産着卵あるいは縄張り雄を確認したら，長野県水産試験場が開発した小型刺網（約1m四角：市販されている）を産卵床の上に設置して捕獲．9～11cm目合いの刺網を使用し，同一ヵ所に数枚設置すると捕獲率が高くなる．刺網の一端を固定した方が網に刺さって羅網しやすくなる．ルアーを投げ込んで釣ることも可能．縄張り雄は観察筒や観察者の足を攻撃することが多い．

　産着卵の洗浄処理：親バスが捕獲できない時は，産卵床を水面に上げ，卵の付着した砕石を網に入れバケツ内で産着卵を洗浄処理し，卵を除去した砕石を産卵床に戻し，再度，設置する．

④その他

図3・14　観察筒による産卵チェック

地元の了解：産卵床設置前にため池の管理組合や漁業協同組合などその水域の管理者から了解を得る．

回収：駆除期間終了後は産卵床と砕石などすべてを回収する．

2）浮上稚魚のタモすくい

ふ化したバス稚魚は体長10mm前後で浮上し，20mmに成長するまでの間，水面近くを密集して移動しながら主にミジンコを食べる．これをタモ網などですくいとって大量に駆除することができる．

産卵場では岸際の水深30～80cm帯に数百～数千尾の集団で出現する．また，伊豆沼や長沼では南岸に砂や礫が多く，ここが主産卵場となるため，北西風が吹くと稚魚は風下の東方へ吹き寄せられ，風が当たらない葦原の東側や入り江などに密集して生息する．このとき，数万尾の集団となるので3～5人で周囲から静かに包み込むようにして三角網ですくいとる．

伊豆沼や長沼では約10名が半日で1～23万尾を捕獲した．ミジンコなどの餌が豊富な場合は40～50mmに達するまで密集して群泳することがある．

漁具など：産卵場では浮上直後の全長10mm前後の稚魚が小群で出現するので，目合いの小さな手網（2mm前後）ですくいとる．ヨシ原周辺の風が当たらない場所では15mm以上の稚魚が大きな群れを形成するので，2～数人で魚群を包み込み三角網ですくい取る．このとき，水深1m以上あるところでは，柄つきタモ網で船上からすくう．漁場を移動するのに小型の船があるとよい．移動時に深みがある場合は不可欠．そうでない場合も駆除した魚や漁具を運ぶのにあると便利で，荷物搬送用のプラスチック製田船でもよい．

人員：1グループ3～5名の班編成として，魚群発見担当としてグループに眼のよい人を1人配置するとよい．人によって遠くからでも魚群を発見することができる．

時期：伊豆沼では6月上旬～6月中旬，長沼では5月下旬～6月上旬に大量の稚魚をすくいとることができた．

3）定置網による移動期稚魚の捕獲

バス稚魚は体長20mm以上に成長してコイ科などの稚魚を食べるようになると移動を開始し，沼全体に分散する．伊豆沼では6月中・下旬，長沼では6月上・中旬に大きく移動する．このとき，産卵

図3・15　三角網によるバス稚魚捕獲風景（左）と捕獲稚魚（右）

場周辺の定置網では1ヶ統1日当たり1万尾以上入網することが多く，他魚種の稚魚の混獲も少ない．産卵場周辺を選び定置網を設置して駆除すると効果的である．

4）定置網による中大型魚の捕獲

伊豆沼・内沼漁業協同組合は11月初旬～12月中旬に100ヶ統の定置網を設置してバスを駆除している．

設置数・期間：生息数の半数駆除を目標として100ヶ統の定置網を11月1日～12月中旬までの1ヵ月半設置する．

捕獲方法：原則として毎日，網を起こして，捕獲したバスを生簀に収容する．

処分方法：週1回漁協が巡回して捕獲バスを収集し一括して焼却場へ運ぶ．

3．市民レベルの取り組みの必要性

これまで述べたように，池干しができない開放的な水域におけるバスの生息密度低減には繁殖阻止が効果的である．伊豆沼・内沼で繁殖阻止方法の開発を検討した結果，人工産卵床で卵を取り除き，三角網などにより浮上稚魚を捕獲することにより卵と稚魚の大量駆除が可能となった．バス稚魚は体長20mm以上になると他種の仔稚魚を大量に捕食するので，卵・稚魚期に1尾でも多く駆除すべきである．今後も営巣センサーの開発などにより，装置の改良を進め，市民レベルの取り組みを支援したいと考えている．

これらの駆除方法の長所は①大型の漁具を使用せず安価で準備が容易である②浅い岸辺で安全に作業できる③他魚種を混獲しない④他魚種を捕食する前に駆除できることである．しかし，人工産卵床は伊豆沼・内沼のように大部分が泥の底質で良好な天然産卵場が限定される場合に有効であったが，水底に小石など産卵基質が多い場所では効率の低下が予想される．その場合はコンクリートブロックなどシェルター中心の人工産卵場を造成したり，浮上稚魚や親バスの駆除に集中するなど漁場の特性に合わせた対応が必要となる．

2005年6月，特定外来生物対策法が施行され，指定魚種のオオクチバスは当然のことながら害魚として正式に位置づけられ，管理と防除の対象となった．しかし，すでにバスは全国のあらゆるところへ侵入・繁殖して，被害をおよぼしている．影響はきわめて深刻で，現在も分布を拡大中であることから，国や地方自治体は大がかりな予算を至急計上し対応すべきである．しかし，全国津々浦々でバス駆除を展開してこの影響を軽減するためには，国や自治体の対策に加え，市民の参加が不可欠になっている．この間のバスを巡る活発な議論を受けて，市民の取り組みは全国的な広がりを見せつつある．現存するかけがえのない自然を次世代へ継承するのは私たちの義務であり，多くの方々がこの取り組みに参加されるよう切望している．同時に，この法律を実効あるものにするため，市民との協働を各地で実現する努力が行政に求められている．

引用文献

1) 高橋清孝・小野寺毅・熊谷　明，2001：伊豆沼・内沼におけるオオクチバスの出現と定置網魚種組成の変化，宮城県水産試験研究報告, 1, 11-18.
2) 須藤篤史・高橋清孝，2004：7つ森湖におけるオオクチバス，コクチバスの分布，繁殖および食性，宮城県水産試験研究報告, 4, 13-22.
3) 嶋田哲郎・進東健太郎・高橋清孝・アロン・ボーマン，2005：オオクチバス急増にともなう魚類群集の変化が水鳥群集に与えた影響，*Strix*, 23, 39-50.
4) 高橋清孝，2004：ブラックバス食害の実態と対策，広報ないすいめん, 36, 2-10.
5) 高橋清孝，2004：宮城県のオオクチバス駆除マニュアル，広報ないすいめん, 37, 4-9.
6) 高橋清孝，2006：オオクチバス営巣センサーの開発と実用化，広報ないすいめん, 43, 25-28.
7) 高橋清孝，2002：オオクチバスによる魚類群集への影響，川と湖沼の侵略者ブラックバスその生物学と生態系への影響（日本魚類学会自然保護委員会編），恒星社厚生閣，47-59pp.
8) 前畑政善，2001：オオクチバス，日本の淡水魚，山と渓谷社，494-503.
9) 津村祐司，1989：産卵生態および産卵場分布，昭和60～62年度オオクチバス対策総合調査報告書，滋賀水試研報, 40, 27-38.
10) 吉沢和倶，1992：産卵期と親魚，ブラックバスとブルーギルのすべて，全国内水面漁連，55-62.
11) 山中　治，1989：産卵生態，昭和60～62年度オオクチバス対策総合調査報告書，滋賀水試研報, 40, 84-85.

3・3
バス・バスターズの取り組み

進東健太郎・嶋田哲郎

　宮城県内水面水産試験場が確立したオオクチバス駆除マニュアルを実践するためには多くの人手が必要である．プロジェクトの活動を通じて人々の関心も高まってきたことも追い風となり，2004年2月29日，60名によってバス・バスターズが結成された．ブラックバス駆除を目的とした市民レベルでのボランテイア活動は全国でも初の試みであった．地元を始め県内外からも登録があり，その後も登録者は増加している．

1．活動の開始

　2004年のバス・バスターズ（以下「バスターズ」という）の活動は4月中旬から始まった．最初に心配したのは，人工産卵床を作成するための材料がどのくらい集まるかであった．しかし，漁具店からの寄附やメンバーのもち寄りによって，ほとんど経費をかけずに揃えることができた．日曜日ごとに都合のつくメンバーが集まって産卵床の作成を行なった（図3・16）．駆除マニュアルに従って，トレーの組み合わせ，枠切り，連結，カバーの取り付けなど，作業がどんどん進んでいく．誰がどうすると言わなくてもそれぞれが自分の役割を認識し，お互いをカバーしながら速やかに作業が進むのである．日頃から伊豆沼・内沼の環境保全に取り組んでいる地元の登米市立新田第一小学校の子供たちも産卵床作成に加わった（図3・17）．子供たちの中にもバス釣りが好きな子がいる．なぜ産卵床を作るのかを理解してもらうために，最初にバスが伊豆沼の生態系にどれほどの影響があるかを内水試の方に説明をしていただき，子供たちもきちんと理解してくれた．バス釣りをする子も積極的に人工産卵床を作ってくれた．完成した産卵床を砕石とともに船で沼に運び，5mほどの間隔で1個ずつ沈めていった（図3・18）．強風や増水で作業が難航することもあったが，その都度メンバーの知恵

図3・16　みんなで人工産卵床作り　　　　図3・17　子供たちの人工産卵床

図3・18 人工産卵床を1個1個確実に沈める

図3・19 バスターズで最初に捕獲した親バス

で乗り切り，455個と沢山の産卵床を設置することができた．

2．駆除開始

人工産卵床設置後，5～6月にかけて週2回の産卵床の観察と親魚の捕獲を行なった．塩ビ管を利用した観察筒で産卵床を1個1個観察して卵を確認し，卵があった場合には刺網を仕掛けて産卵床を守っている親を捕獲するのである．中には活性の高い親もいて，観察中も筒をゴンゴンと攻撃してくるものもいた．産卵床を見回った後，刺網を仕掛けた産卵床を確認して，親が網に掛かっているかどうか調べる．

「網，どこいった？」．ある人工産卵床に置いたはずの刺網がない．みんなで腰まで水に浸かりながら足で探す．やがて「あった！」との声．ゆっくり引き上げると網に刺さった40cmのバスが目に飛び込んできた．思わず歓声と拍手．バスターズが始動して初めて捕獲したバス．そのバスが卵を守っていた産卵床はNo.136であった（図3・19）．親を捕獲できなかった場合には，産卵床を引き上げて卵の駆除を行なった．砕石を落とさないように注意深く引き上げながら，付着した卵を洗い流して駆除した．この春の作業では，計13尾の親バスと122個の産卵床の卵を駆除することができた（図3・20）．1個の産卵床には平均1万個の卵があったので，122万尾の稚魚がふ化するのを未然に防

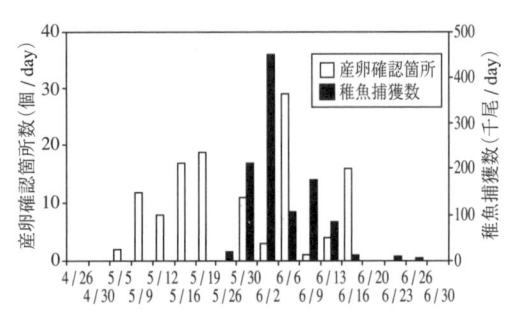

図3・20 バスターズによって卵を駆除された人工産卵床数と稚魚数

図3・21 稚魚すくい．3人1組だと効率がよい

ぐことができたことになる．

　6月からは浮上したバスの稚魚をすくい取るという駆除も行なった（図3・15）．伊豆沼・内沼は東京ドーム83個分という広い沼である．そのため，バスは人工産卵床だけに産卵するとは限らず，駆除できなかった卵はふ化してしまうのである．沼に入って水面で目を凝らすと，茶色っぽく，すこしまるみを帯びたバス稚魚の群れをみつけることができる．バス稚魚の群れはたいていヨシ帯の縁にいてヨシの中にあまりいないこと，在来魚の稚魚は黒っぽくてスマートでツンツンと泳ぐことなどで見分けられる．バス稚魚の多い場所では捕獲する方が呆然とするほど群れていることがあった．そのときに喜んで1人で捕ろうとしてもうまくいかないのである．群れの移動先を予測しながら3人1組で追い込んですくうのが一番たくさん捕獲できる．しかし，どの人も一度は狩猟本能が抑えられないようで，1人で密かにたくさん捕ろうと思って単独行動に走る人，そろそろ上がりましょうといっても捕るのに夢中で聞く耳をもたない人などさまざまであった．ひとしきりやったあとやっぱり1人ではダメだ3人1組で，と落ち着くところに落ち着くのである．こうした過程を経ることが息のあった稚魚すくい作業をするために大切なようだ．この稚魚すくい作業では107万尾の稚魚をすくって駆除できた（図3・21）．

　こうした人工産卵床を用いたバスターズの活動は，「伊豆沼方式」と呼ばれて全国的な注目を集めた．全国内水面漁連の外来種問題検討委員会が視察に訪れたほか，滋賀県や秋田県，青森県，山形県などからも漁業関係者や研究者が訪れ，産卵床を実際に作成したほか，駆除作業に参加した．また，鹿島台町のシナイモツゴ郷の会や仙台市の市民団体など，目的を共有する団体との連携も生まれた．バスターズの活動がさまざまな地域や団体に影響をおよぼすと同時にそのことがバスターズの活動にとっていい刺激になっているのである．

3．参加者について

　バスターズには毎回20〜30名ほどのボランテイアが集まる．沼周辺のみならず，仙台や遠くは福島から毎回参加される方もいる．職業も会社員，公務員，農業者，学生などさまざまである．人の多様性は活動の多様性につながる．わいわい作業をしている中で驚くようなアイデアが生まれ，新たな展開につながることがある．人の数は単純に1＋1＝2だが，アイデアの数はその二乗にも三乗にもなるのである．こういう雰囲気を可能にしているキーワードは"ゆるやかな連帯"である．来る者は拒まず，去る者は追わず，みんなが好きなときに自由に参加して1つの目的（バス駆除）に向かって作業する．この雰囲気を大切にして楽しみながらバスターズの活動を進めていきたい．

　このほかにもバスターズは伊豆沼・内沼周辺で行なわれている保全作業，例えば溜め池干しによるバス駆除などにも参加している．また春の駆除作業が終了した後も来年に向けた産卵床の補修作業などを継続している．今後も伊豆沼・内沼ではバス・バスターズの活動，ゼニタナゴ復元プロジェクトによる保全作業などを行なう予定である．

3・4
伊豆沼におけるバス駆除とその効果

小畑　千賀志

　伊豆沼では多くの在来魚がオオクチバス（以下「バス」という）の食害により減少しているため，伊豆沼漁業協同組合では小型定置網への入網が増加する11～12月に小型定置網100ヶ統により毎年1t程度のバスを捕獲し，駆除している．この捕獲量は標識魚の再捕結果から伊豆沼に生息するバスの50％前後と推定され，さらに，効果的なバス駆除を実施するため産卵期および稚魚期の生態を利用した効果的な駆除方法として，①卵の駆除および親魚捕獲のための人工産卵床の開発（透明度の低い伊豆沼では目視による産卵床の確認が不可能），②群れを作る浮上稚魚を三角網で追い込み捕獲，③定置網による小型稚魚の捕獲，などが考えられ，2004年度から本格的に実施することになった．このため，この取組を実施するため宮城県伊豆沼・内沼環境保全財団とともに，NPOを含む一般の人や地元小学生などで構成するバス・バスターズを組織した．

1．2004年度のバス駆除取組状況
1）2004年4月から，バス・バスターズによる人工産卵床を用いた駆除作業を実施した（表3・4）．

表3・4　2004年バス・バスターズによるバス駆除取組状況

作業項目		4月			5月			6月			7月	備考
		上旬	中旬	下旬	上旬	中旬	下旬	上旬	中旬	下旬	上旬	
水温(℃)	平均値			12.9	16.7	19.0	19.9	23.2	23.9	25.2	26.7	伊豆沼の定点で観測
	最高値			17.0	19.5	22.2	26.4	27.1	28.0	29.8	30.4	
	最低値			10.3	14.6	16.5	15.2	19.8	20.5	22.4	23.2	
人工産卵床作製		←――――――→										
人工産卵床設置				←――――→								455カ所
人工産卵床観察					←―――――――――→							
産着卵確認・駆除					←―――――――――→							2回/週
親魚捕獲					←―――――――――→							
稚魚駆除	三角網						←―――――――→					全長4cm以下
	定置網									←----→		全長4cm以上

　2）人工産卵床についてはリサイクル資材を用いたり，さまざまな団体の人的協力により手作りで安価に作製することができた．5月上旬までに455個を，これまでの調査で産卵が確認された場所を中心（水深1m以浅の細砂質）に5～6mの間隔を置き，岸に並行して2列に設置した（図3・22）．
　3）5月5日～6月30日まで，水曜日と日曜日の毎週2回，人工産卵床への産卵確認調査を

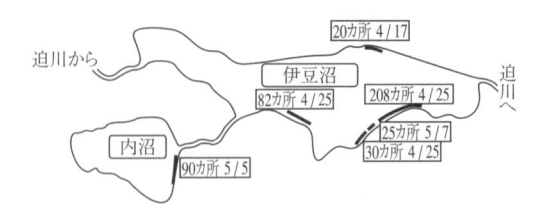

図3・22　伊豆沼・内沼人工産卵床設置箇所

行ない，産卵が確認されたり，産卵確認中に親魚の攻撃があった場合，小型刺網による親魚捕獲と産着卵の駆除を実施した．その結果，水温が16℃を超えた5月5日に2ヵ所で初めての産卵が確認された．その後，水位上昇のため調査を中止した時期を除き，6月16日まで毎回産卵が確認された．産卵が確認された人工産卵床は合計122ヵ所で，7～10日毎に産卵の周期がみられる傾向にあった（図3・23）．

4）人工産卵床への産卵数量はおおむね1万粒／基であり，砕石部よりも床面のネット部に付着しているものが多く，卵径は平均1.6mm（1.5～1.7mm）であった（表3・5）．また，捕獲された親魚は雄12尾，雌1尾の合計13尾で，平均全長が35.5cm（28.6～39.6cm），平均体重が778g（400～1,180g）で，ほとんどが空胃であった．雌の卵巣を調べた結果，平均卵径1.1mm（0.5～1.5mm）で卵数は約74千粒であった（表3・6）．

5）5月下旬にはバス浮上稚魚が岸辺のヨシ周辺で確認されたので，三角網による稚魚捕獲を実施し，6月下旬までに1,069千尾（平均全長1.0～4.4cm，平均体重0.01～1.29g）を駆除した．大きな群れをなしている稚魚を発見することができれば容易に三角網で捕獲することが可能であり，ほとんどほかの魚の混入もなく，大量の稚魚を効率的に捕獲することができた．

稚魚分散期となった6月下旬には産卵場近くに設置した小型定置網による捕獲を実施し，9千尾

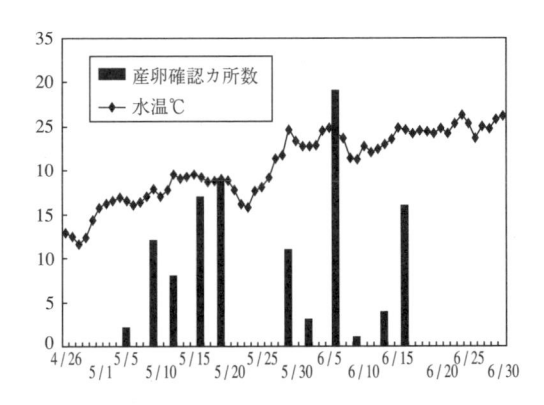

図3・23 水温と産卵確認カ所数

表3・5 人工産卵床での産卵数量

No.	産卵表面	砕石部	合計
1	5,924	2,456	8,380
2	8,556	379	8,935
3	11,130	2,442	13,572
4	6,200	4,982	11,182
平均	7,953	2,565	10,517

表3・6 捕獲親魚

No.	捕獲日時	全長(cm)	体重(g)	性
1	5月5日	36.5	895	♂
2	5月9日	38.8	1,020	♀
3	5月16日	38.3	900	♂
4	5月16日	29.0	410	♂
5	5月16日	32.8	560	♂
6	5月16日	39.6	1,120	♂
7	5月16日	37.0	800	♂
8	5月19日	41.3	1,180	♂
9	5月16日	38.0	780	♂
10	5月16日	28.6	400	♂
11	5月16日	32.8	585	♂
12	5月16日	33.8	700	♂
13	5月16日	35.4	767	♂
平均	5月16日	35.5	778	♂

図3・24 定置網による捕獲

(平均全長4.0〜4.2cm,平均体重0.75〜0.88g)を駆除した(図3・24).このときは時期が遅かったためかもっとも少ない時でも12％のほかの魚(モツゴがもっとも多く,そのほかカネヒラ,フナ類など)の混入がみられ,小型定置網による捕獲は時期,場所を選び,注意して実施する必要がある.

以上のように,2004年6月末までに産着卵122万粒(1万粒／ヵ所122ヵ所),親魚13尾,稚魚1,077千尾の駆除を行なった.

2．小型定置網を用いた「バス中・大型魚の駆除」

伊豆沼漁業協同組合が2004年11月の1ヵ月間(11月1日〜12月3日)に小型定置網による,バス駆除を行ない1,323kgを駆除した.バスの生育状況を調査するため,毎週1回,各定置網から回収したバスの中から無作為に1,952尾抽出し,全長,体重を計測するとともに,このうち計640尾について耳石による年齢査定を行なった.

その結果,平均全長が13.2cm(7.4〜45cm),平均体重53.8g(5.2〜1,972g)であった(表3・7).

表3・7 バス駆除結果およびサンプルの全長・体重

漁協収集日		11/5	11/12	11/19	11/26	12/3	計
駆除重量 (kg)		73	173	287	272	518	1,323
サンプル	総重量 (kg)	13.1	13.2	18.9	19.8	25.2	90.2
	尾数 (尾)	329	339	480	466	338	1,952
	平均全長 (cm)	12.1	10.8	12.7	12.8	14.7	13.2
	平均体重 (g)	33.9	38.8	39.5	42.6	74.6	53.8

全長組成を漁協が実施した駆除重量に当てはめた結果,漁協が駆除した尾数は約26,800尾となり,10cm未満が48％,10cm以上20cm未満が46％,20cm以上30cm未満が6％,30cm以上が1％であった.また,耳石から年齢を査定した結果,2004年生まれ群(0歳魚)は全長7cm以上22cm未満で83％,2003年生まれ群(1歳魚)は14cm以上32cm未満で15％を占め駆除されたバスの大部分は1歳魚以下であった.2002年生まれ群(2歳魚),2001年生まれ群(3歳魚)はサンプル数が少なかったが,2歳魚は25cm以上40cm未満,3歳魚は41cm以上であった(図3・25).0歳魚と1歳魚が混在する14cm以上22cm未満のバスをみると,全長15cm以下のバスのほとんどは0歳魚であることがわかっ

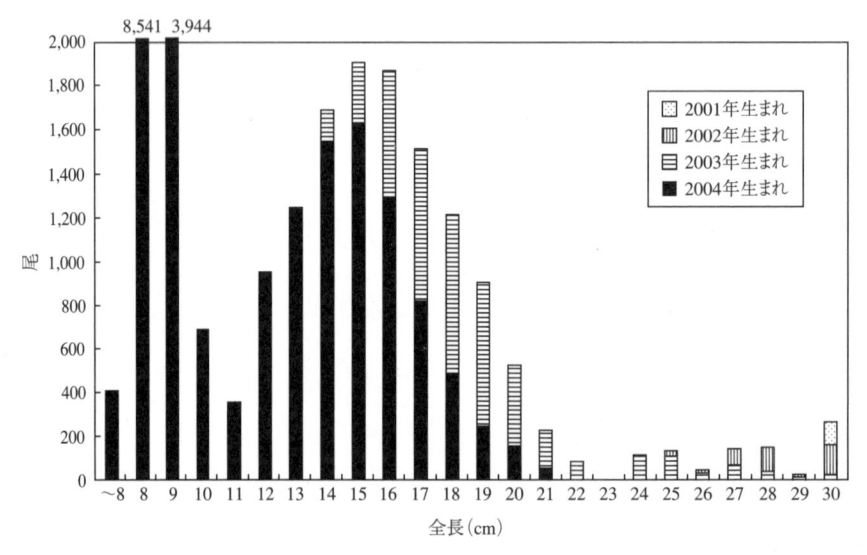

図3・25 バスの全長組成と年齢組成

た（図3・26）．

　今回の調査で得られた全長組成を2001年，2003年の調査とくらべると，2003，2004年には全長9cm前後と小型の当歳魚が多く出現した．このように，秋の定置網による駆除作業では小型魚を含む幼魚が依然として大量に捕獲されるので，今後，小型魚が多かった原因を含め，効果調査方法につ

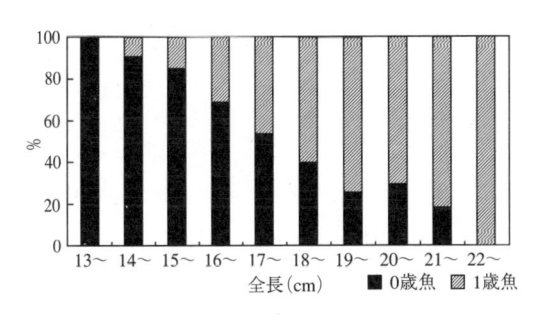

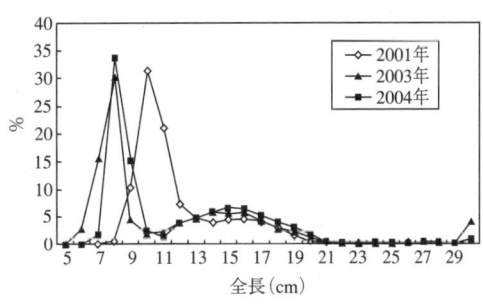

図3・26　13～23cmの年齢別尾数の割合

図3・27　2001～2004年11月に駆除されたバスの全長組成

表3・8　伊豆沼定置網調査で出現した魚種

調査年月	1996年		2000年		2003年		2004年
魚種	5月	10月	5月	10月	5月	10月	11月
魚種／調査定置網数	13	13	12	12	12	12	18
ウナギ	○		○		○	○	○
ワカサギ	○	○	○				
ウグイ	○	○	○		○	○	○
オイカワ	○	○	○		○	○	○
ビワヒガイ	○		○		○	○	○
カマツカ							○
ゼゼラ	○	○	○	○	○	○	○
タモロコ	○	○	○	○	○	○	○
モツゴ	○	○	○	○	○	○	○
ハス			○				○
ニゴイ	○		○		○	○	○
コイ	○	○	○	○	○	○	○
キンブナ	○						
ギンブナ	○	○	○	○	○	○	○
ゲンゴロウブナ	○	○	○	○	○	○	○
タイリクバラタナゴ	○	○	○	○		○	○
タナゴ	○		○				
ゼニタナゴ	○						
カネヒラ					○	○	○
ドジョウ	○		○	○		○	○
シマドジョウ	○		○				
ナマズ	○	○	○			○	○
ギバチ			○				
メダカ	○	○					
カムルチー	○	○	○	○	○		○
オオクチバス		○	○	○	○	○	○
ヌマチチブ	○		○		○	○	
ヨシノボリ	○	○				○	
ジュズカケハゼ	○	○					
魚種数	24	20	23	18	16	19	21

表3・9　定置網1ヶ統当たりの漁獲尾数

魚種／調査年月	1996 10/9	2000 10/10	2004 4日間平均
タモロコ	50.7	3.8	43.2
モツゴ	757.6	1.5	24.5
ゲンゴロウブナ	13.9	3.6	12.0
オオクチバス	0.2	8.6	8.5
ゼゼラ	0.9	0.0	6.7
ワカサギ	21.8	0.0	5.7
コイ	0.4	0.0	2.1
カネヒラ	0.0	0.0	1.8
オイカワ	0.2	0.2	1.7
ニゴイ	0.8	0.1	1.2
ウグイ	0.2	3.5	0.4
フナ類（ギンブナ＋キンブナ）	3.2	0.5	0.3
ドジョウ	0.0	0.0	0.1
ナマズ	0.2	0.2	0.1
カムルチー	1.2	0.8	0.1
ハス	0.0	0.0	0.1
ビワヒガイ	0.0	0.1	0.1
ウナギ	0.1	0.1	0.0
カマツカ	0.0	0.0	0.0
タイリクバラタナゴ	849.2	0.3	0.0
タナゴ	0.4	0.1	0.0
ゼニタナゴ	558.8	0.0	0.0
ジュズカケハゼ	106.5	0.0	0.0
ヨシノボリ	3.0	0.0	0.0
メダカ	2.2	0.0	0.0
ヌマチチブ	0.0	0.0	0.0
ギバチ	0.0	0.0	0.0
シマドジョウ	0.0	0.0	0.0

いての検討が必要である（図3・27）．

3．バス駆除の効果

　バス駆除の効果を把握するため，2004年11月に小型定置網で漁獲された魚類の同定を行なうとともに全長，体重を計測した．漁獲された魚種は21種で，2003年10月の調査時にくらべ，カマツカ，ハス，タナゴ，カムルチーが新たに確認され，ヌマチチブ，ヨシノボリ類が確認されないなど，魚種組成は若干の変動はあるもののほぼ前年と同じであった（表3・8）．次に，1996年，2000年，2004年の定置網1ヵ統当たりの平均漁獲尾数を比較すると，2004年には2000年よりタモロコ，モツゴ，ゲンゴロウブナ，ゼゼラ，ワカサギなどが大きく増えており，また，6月末の三角網によるバス稚魚駆除時に，バス稚魚以外のモツゴ，ワカサギ，カネヒラ，フナ類，ハゼ類の稚魚なども捕獲されたことから，バス稚魚駆除によりこれらの稚魚への食害が減少した結果の漁獲増ではないかと考えられた．特にモツゴ，タモロコ，フナ類は漁業対象種としてもっとも重要であり，漁業現場においても増加が実感されていることから，今後とも人工産卵床を使用した産着卵・親魚の駆除，三角網や定置網を使用した稚魚の駆除，定置網を使用した中・大型魚の駆除などさまざまな駆除作業の継続が必要ではないかと考えられる（表3・9）．

4．今後の課題

　人工産卵床によるバス繁殖阻止は現在のところ数多くの人々の協力が必要であることから，バス・バスターズの協力体制の確立，漁協など地元での活動の定着が重要な課題であり，更にバス繁殖阻止効果を確認するためのバス生態や小型定置網での魚類漁獲状況などについての調査研究が必要である．

3・5
市民団体はこのようにして結成された
―誰でもできる自然再生をめざす技術開発と体制づくり―
高橋 清孝

　他人を寄せつけない地理的条件や不審者の侵入を阻む地元住民の監視体制により，シナイモツゴは里山のため池で100年近くひっそりと生き続けてきた．シナイモツゴは環境省絶滅危惧ⅠB類に指定された希少種で，宮城県大崎市鹿島台の旧品井沼が模式産地である．宮城県では正式な採捕報告が60年間もなかったため，絶滅が危惧されていたが，1993年，60年ぶりに旧品井沼周辺の3つのため池で再発見された[1]．

　現在も旧鹿島台町の天然物指定に指定されている桂沢ため池にはブラックバスが侵入していない．しかし，2001年当時，第2のシナイモツゴ生息地である山谷ため池（仮称）には，バス釣師が入り込んだ形跡がみられ，バスがすでに侵入している可能性が高かった．2001年夏に，宮城県内水面水産試験場職員であった筆者は旧鹿島台町の職員の方々とともに山谷ため池で刺網，定置網，三角網，投網，モンドリなどあらゆる漁具を総動員してバス生息調査を実施した．この結果，全長32cmのオオクチバス1尾が刺網で捕獲され，恐れていたバスの侵入がついに確認された．一方，モンドリによる調査などでシナイモツゴなどの小型魚類が多数捕獲され，まだ，この時点ではバスによる食害の影響は小さいとみられた．しかし，バスの繁殖が繰り返されればシナイモツゴが全滅することは火をみるより明らかであり，バスを早急に駆除しシナイモツゴを救出する必要があった．

　ブラックバスからシナイモツゴを守る取り組みは，個人や一研究機関で対応できるものではない．なぜなら，ため池は複雑な管理体制下にあるので関係者との交渉が複雑であるし，池干しには多人数を要し，池干し後も継続して保護活動を続ける必要があるからである．町や県などの自治体は，予算面の制約を受けやすいので，全面的に依存することはできない．シナイモツゴの保護の必要性をもっとも強く認識していた筆者は，2002年，以下の通り，「シナイモツゴ郷の会」の発足を公民館のホームページや町の広報誌などで知らせ，旧鹿島台町の人々に向けて結集を呼びかけた．

「シナイモツゴの郷の会」発足に向けて　　　　　　　　　　発起人代表　高橋清孝

　旧鹿島台町の天然記念物シナイモツゴを守るために「シナイモツゴの郷の会」を結成します．趣旨に賛同される方の入会をお待ちしています．

　シナイモツゴは，品井沼で「誕生」した魚です．シナイモツゴは，品井沼で大正時代に発見され，発見地の地名にちなんで命名されました．したがって，品井沼はシナイモツゴの郷なのです．

　当時，シナイモツゴは，東北地方に広範囲に生息していましたが，その後，急激に減少して宮城県では絶滅したと考えられていました．幸運にも，平成5年に町内の桂沢ため池で再発見され，シナイモツゴの郷が復活しました．

　しかし，平成13年秋には，シナイモツゴが生息する町内の3つのため池の1つで，ブラックバスの生息が確認されました．このまま放置すれば，その池のシナイモツゴは，全滅してしまいます．今，シナイモツゴの郷は，再び危機的な状況にあります．

　シナイモツゴを始めとする旧品井沼の自然を守るためには，保護の重要性を地域の方々に理解していただきながら，ブラックバス対策を緊急に実施する必要があります．長期的には，生息地を増やすなど，シナイモツゴが安定して存続できるような環境造りも必要です．同時に，シナイモツゴと共存し，かつて品井沼に住んでいた魚たち（減少著しいゼニタナゴや絶滅危惧種のメダカ，ギバチなど）の保護も重要です．

　「郷の会」では，シナイモツゴなど，旧品井沼の自然を守るための活動を積極的に展開します．活動内容としては，保護作業（バス駆除など），勉強会，見学会，報告会などが中心となります．詳細は，準備会の中で話し合って決めましょう．

　自然保護に興味ある方，自然に親しみたい方，魚が好きな方，「シナイモツゴの郷の会」で，故郷の豊かな自然を子孫に引き継ぐため，共に行動しませんか．

＜町の天然記念物シナイモツゴ＞
　干拓前，1918年（大正7年）の品井沼で発見され，1930年（昭和5年），魚類学の権威であった京都大学の宮地傳三郎博士が，新種として登録しました．魚種名が，宮城県の地名に由来する唯一の魚です．しかし，近縁のモツゴが，関東・関西地方から侵入したため，シナイモツゴは繁殖不能となって激減し，宮城県では，1935年（昭和10年）以降，正式な採集記録はありませんでした．宮城県内水面水産試験場が1993年（平成5年）に，実に60年ぶりに，旧品井沼に注ぐ広長川上流の桂沢ため池で再発見しました．鹿島台町は速やかに，町の天然記念物に指定し，現在も手厚く保護しています．品井沼のシナイモツゴの重要性は，全国的に認識され，環境省は，2001年（平成13年）12月27日に，シナイモツゴが生息する鹿島台町の3つのため池を，「旧品井沼周辺ため池群」として，日本の「重要湿地500」に指定しました．

（旧鹿島台町公民館HPに掲載）

2002年2月,旧鹿島台町公民館でブラックバスからシナイモツゴを守るための講演会が開催された.筆者は講演でシナイモツゴを保護し地元の自然を守るためにブラックバス駆除が必要であることを強調し,参加した約30人の町民の方々から,シナイモツゴ郷の会(以下「郷の会」という)結成に対して賛意の言葉をいただいた.翌月3月16日,郷の会の結成会議を開催し,25名の会員からなる任意団体が発足した.郷の会は結成直後,旧鹿島台町生涯教育課に事務局をお願いしていたが,その後,さまざまな活動を経て組織を拡大し2004年9月NPO法人格を取得することになり事務局も自前で運営することになった.

1. 池干しの実施

2002年3月に発足したばかりの郷の会は,初めての仕事として山谷ため池のブラックバス駆除と取り組むことになった.早速,地元水利組合との交渉を開始したが,予想以上に難航した.池干しを20年以上実施していないので,来年の農作業開始時期の5月までに水が溜まるかどうか不安であるという意見が強く出されたのである.これに対し,筆者は降雨量の多い秋季に貯水できるよう水田の用水が不要となる8月末に池干しを実施すると説明したが,なかなか,納得してもらえなかった.翌週,再び,会合をもつことになり,貯水量が不足した場合はほかの池の水を提供すると農家組合長が英断を下し,これにより全員納得,一同は胸をなでおろした.その後,農家組合長は郷の会へ入会し,現在,NPO法人の理事として活躍していただいている.

いよいよ,池干しが始まった.旧鹿島台町公民館と県内水面水産試験場の協力を得て,8月14日から,山谷ため池の排水を開始した.8月31日,水深が50cm以下になったところで,地曳網により,バスを含むすべての魚を一斉に捕獲.翌日は,エンジンポンプで完全に排水し,残ったバスを全部駆除した.

郷の会が新聞・ラジオで一般の方々に支援を要請したところ,これに応え,町の内外から150人もの人々が駆けつけ8月31日の捕獲作業に参加した.郷の会会員がゴムボートを使って地曳網を設置し,参加者全員が声を合わせ,心を1つにして,網を曳いた.網が岸に近づくと網の中で大きな魚が暴れる.岸に引き上げた網の中から魚を取り上げる大人たちの顔は皆真剣で,飛び散る泥を気にすることなく全身泥まみれになりながら,作業に熱中している.陸上では子供たちや母親たちがブラックバスをすばやく選別し,バス以外の魚を200mの林道を歩いて活魚タンクへ運ぶ.ため池とその周辺はあわただしく動き回る人々であふれ,まるで学校の校庭で催される運動会のようであった.

作業終了後は料理上手な郷の会会員の手作りの昼食をいただきながら,皆で談笑して池干しの成功を讃えあった.20～30年ぶりによみがえったイベントとしての堤干し(池干し)に地域の方々も感激していた.忘れ去られつつある堤干しだが,実にすばらしい地域の慣習であり,今でも魅力にあふれている.内容を吟味すれば多くの人が参加するイベントとして復元可能ではないだろうか.

この際捕獲されたシナイモツゴ750尾,ギバチ,メダカ,キンブナは,内水面水産試験場や公民館の水槽,町内の個人所有の池などへ運ばれ,そこで一時飼育保護された.このため池で捕獲された大型のブラックバスは14尾と少数だったが,その年生まれのバス稚魚が340尾も捕獲され,まさに爆発的増加の最中だった.幸い,シナイモツゴなど,多くの魚が,まだ食い尽くされることなく残ってはいたが,捕獲したバスを解剖すると,たくさんの魚が食べられていたことから,今後,さらにバス

が増えると，ほかのため池の事例からみても間違いなくシナイモツゴは全滅するはずであり，まさに，間一髪のシナイモツゴ救出作戦だった．

　2002年10月30日には，鹿島台小学校の4年生全員が山谷ため池に集合し，避難していたシナイモツゴなどの魚を放流した．鹿島台小学校では総合学習の時間にシナイモツゴを題材として取り上げ，生態，現状，保護の必要性などを生徒自身が調べたり，筆者の講演を聞いたりしてすでに学習していた．しかしながら，多くの子供たちはシナイモツゴを恐る恐る初めて手にし，奇妙な顔のギバチを初めて見，かわいらしいメダカをやさしくすくい上げ，その都度，大きな歓声をあげていた．最初は遠巻きに作業をみていた女子生徒たちも自分のバケツに入れられた魚をみて，一様に「かわいい」といいながら会心の笑みを浮かべた．特に人気があったのはギバチでつぶらな目と大きいが微笑んだような口元が「トッテモかわいい」とのことだった．このようにして，間一髪，ブラックバスの食害から救出された魚たちは，サンクチュアリ復元の願いをこめて，子供たちの手で再び山谷ため池へ戻された．

　2004年にはシナイモツゴの生息を確認して復元が確認されたが，バスの再侵入に対し，今後も厳重に警戒しなければならない．

　ため池には常時，落ち葉や土砂が流れ込み，その多くはすり鉢状の構造なので水底付近は無酸素状態になることが多い．このため，底質は還元状態となり腐敗した泥が堆積し，何年も放置すると動植物の繁殖・生育が鈍化してしまう．また，旧鹿島台町のため池でも7割にブラックバスが密放流され，池干しが行われないためバス稚魚供給の温床となっている．池干しにより底泥を抜いて酸化させ，バスを駆除することにより，魚，トンボなどの昆虫，カイツブリなどの野鳥が住める環境を取り戻すことができる．郷の会はこれ以降，毎年，池干しと取り組むことになった．

　池干しをする際はマスコミなどで地元のみならず内外へ参加を呼びかけて，多くの市民の参加を促している．さらに，小・中学校や子供会育成会へも声掛けし，さらに，準備に余裕があるときはゲームを取り入れたりして子供たちが参加しやすいイベントとして企画することもある．

　池干しで大人にも子供にも人気があるのは地曳網である．これはブラックバス駆除に絶対必要な作業ではないので省略可能であるが，参加者にとても好評なので毎回実施している．しかし，地曳網は大がかりな漁具であるため，公共水面で許可された漁業関係者以外が使用する場合は特別採捕許可申請が必要になることが多い．県庁の水産関係の係に問い合わせ，様式に従って記載し，ため池管理者の同意書など必要書類を添えて申請する．許可までに2〜4週間かかるので早めの問い合わせと手続きが必要である．

　池干し作業の経費はほとんど郷の会が負担している．当然ながら，参加者は完全にボランティアであるが，できれば，昼食ぐらいは提供したいと事務局が経費の捻出に苦慮している．参加者の報酬は無理であるが，タモ網，胴長靴，地曳網やゴムボートなどは助成事業で購入可能である．ブラックバス駆除を目的とした池干し

図3・28　池干し時の地曳網

については企業や環境省の外郭団体から環境保全関連の助成を受けることが可能である．また，最近，農政が環境配慮事業に本腰を入れつつあり，この一環として助成事業を創設して農林水産省外郭団体が公募しているので県の農業関連事務所かインターネットなどで情報入手して応募することができる．

　シナイモツゴ生息池周辺からブラックバスを駆逐しようという筆者らの呼びかけに応え，周辺の地域住民の方々が2002年から毎年自主的に池干しを始めた．筆者らはその都度，応援に出向き，地曳網の使用方法や生息魚の調査を実施している．町内に限らず多くの市町村で取り組みが始まり，各地から相談が寄せられるようになった．池干しは定着し，拡大しつつあり，近い将来，秋の風物詩としてよみがえることを期待している．宮城県だけで県内6,000個，国内200,000個のため池が長い間池干しによる再生を待ち続けている．

2．池干しの手続き

　池干しで大人にも子供にも人気があるのは地曳網である．これはブラックバス駆除に絶対必要な作業ではないので省略可能であるが，参加者にとても好評なので毎回実施している．しかし，地曳網，刺網，投網などの漁具は漁業者以外の使用が禁止されているので，使用する場合は特別採捕許可申請が義務づけられている．これらの漁具を使用しない場合でも水路で河川とつながっているため池を池干しする際は県によって特別採捕許可申請が必要となることがあるので，県庁や出先機関の水産部門担当係に問い合わせて，必要性を確認した方がよい．許可申請に必要な事項については，各県の内水面漁業調整規則*を参考にしながら，県庁の担当係に相談する．申請する際は，各県の様式にしたがって記載し，ため池管理者の同意書，漁具図など必要とされる書類を添えて申請する．

　参考例として郷の会が申請した内容を本章末尾に掲載した．許可までに2〜4週間かかるので早めの問い合わせと手続きが必要である．

　ため池には私有と公有があり，私有ため池の場合は所有者の，公有の場合は所有者と管理者の許可を得る必要がある．公有ため池の所有者は市町村，管理者は農家組合や市町村からの委託機関であることが多いので，市町村に問い合わせて該当する所有者や管理者と協議することになる．また，ため池は農業用水や防火用水の確保および洪水予防など重要な役割を果たしているので，ため池管理者と十分協議して作業内容や期間などを調整する必要がある．

　一方，2005年6月に施行された外来生物法**により，ブラックバスを生きたまま持ち出したり，飼育することが特別な場合を除き禁止された．違法行為は厳罰に処せられるので，池干しなどにより捕獲したブラックバスを池の外へ生きたまま持ち出さないよう，参加者に対し厳重に周知する必要がある．もちろん，捕獲後に死亡したブラックバスを持ち出して処分あるいは利用することは全く問題ない．

3．シナイモツゴの里親募集

　池干しでブラックバスを退治しても，すでに小魚がバスに食べ尽くされた池では，河川からの遡上

---

* 各県の事情により使用する漁具，採捕期間，採捕魚類の魚種や体長などの制限内容が異なるので要注意．この内容は各県の内水面漁業調整規則に記載されており，URL検索エンジンによりキーワード「○○県内水面漁業調整規則」で検索して閲覧できる．
** 特定外来生物による生態系等に係わる被害の防止に関する法律

がある場合を除き自動的な生態系復元は期待できない．したがって，このような池ではブラックバス退治後に在来魚を放流する必要がある．詳細は別項（4・2）で述べられるが，郷の会では里親制度により小学校などへシナイモツゴの卵からの飼育をお願いし，ここで育てた稚魚をため池へ放流している．

　この制度を確立するためには，まず，誰でもできる人工繁殖技術の確立が必要であった．郷の会では独自な採卵方法や搬送方法を確立して郷の会会員が作業を確実にできるようにするとともに，ミジンコを繁殖させる収容池の管理技術などについても学校関係者が誰でも簡単にできるようにマニュアル化している．また，遺伝子攪乱を防止するため里親制度規約を作成し，小学校や一般の方々に理解していただきながら事業を展開している．

　このようなシステムはきわめて実効性が高く，環境教育上も貴重な観察材料になることから，自治体や学校の理解も得られやすく，全国各地で展開可能と考えている．しかし，遺伝子攪乱を防止するためには各地で固有の系統を繁殖させる必要があるので，システムについては郷の会が提唱する里親制度の導入が可能であるものの，人工繁殖を含む地元在来種の復元方法については各地の実情に合わせてさまざまな検討が必要である．

4．伊豆沼バス・バスターズの結成

　「いい加減にしろブラックバス」という見出しで伊豆沼の惨状（2・1参照）を伝える記事が2001年9月に地元紙の河北新報に掲載された．その後，伊豆沼では小魚が減少してカイツブリなど小魚を餌とする野鳥さえ減少しブラックバスは生態系全体に影響をおよぼしているというショッキングな研究報告も発表された（2・2参照）．水辺の原風景を大事にしたいと思っている人たちにとっては，許しがたい報告が続き，自分も何とかしたいという思いを抱いている人が大勢いるはずである．ブラックバスはすでにどこの池にも川にもわが物顔で住み着き，小魚を食い荒らし，もはや，国県市町など行政だけでは対応困難な事態になっている．したがって，ブラックバス対策を全国的に展開するためには市民と行政の協働が不可欠と考えられる．

　市民がバス駆除へ参加するためには，大がかりな漁具を使用することなく，簡単で実効性のある駆除方法が必要とされる．筆者はこのような中で誰でもできる駆除技術の開発に取り組んできたが，人工産卵床の開

図3・29　毎日新聞2004.02.27夕刊

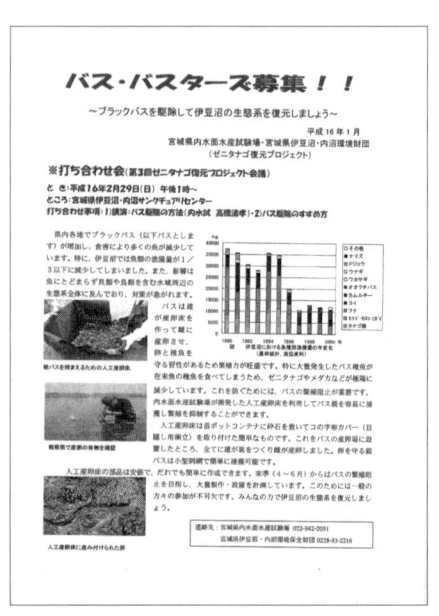

図3・30　バス・バスターズ募集のポスター

発に2003年初めて成功し，同時にバス稚魚の駆除も有効であることを確認した（3・2参照）．2003年11月，県の試験研究機関と伊豆沼・内沼環境保全財団で構成するゼニタナゴ復元プロジェクトのセミナーで人工産卵床を紹介した．さらに，2004年2月ゼニタナゴ復元プロジェクトが中心となって人工産卵床の作成と駆除作業を担うボランテイアを募集した．

　これらは新聞でも大きく取り上げられて大きな反響があった（図3・29）．同時に伊豆沼バス・バスターズ募集のポスターを作成し（図3・30），財団のホームページに掲載すると同時に環境保全関連のメーリングリストで配信した．この結果，合計60名の会員が登録，3月から毎週日曜に人工産卵床の作成に取りかかり，450基を4月下旬に設置することができた．バスターズの活躍は2006年7月に3年目の駆除作業を終え，冬には会員による成果発表会が予定されている．

5．活動を継続するために

　時折，「バス退治はいつまで続ければいいのか？」と質問される．それは筆者にも分からない．なぜなら，伊豆沼など開放的な水域では，ブラックバスが減少したからといって駆除を中断してしまえば，彼らはすさまじい繁殖力で再び増加して駆除以前の状態に戻ってしまうからである．河川が流入する開放的な水域は，池干しができないことから，短期間の完全駆除は困難である．この場合，筆者らは，在来魚が繁殖できるレベルまでブラックバスの生息数を減少させることを当面の目標にしている．すなわち，ゴミ掃除により住宅や街の機能を維持するように，あるいは病害虫や雑草を防除することにより作物を育てるように，ブラックバスを毎年駆除して在来魚の繁殖を促し生態系を維持するのである．完全駆除はこの延長上にあると考えている．

　このためには，駆除の継続性が重要であり，その中心となる組織が不可欠である．伊豆沼バス・バスターズのような組織が各地で結成されることを期待したい．また，継続するためには最小限の予算が必要であり，行政や企業との協働が重要である．このためには，事あるごとにマスコミへ情報提供し報道を通じてバス駆除と自然再生の必要性を強調したり，セミナーなど地域集会を開催することにより世論を喚起する必要がある．

　市民団体として活動を進めると共通の目的をもつ市民団体との連携が必要になることが多い．技術上の問題や助成金の公募状況などの情報交換，シンポジウムの共催や講師派遣，制度や法整備の実態把握などで団体が相互に便宜を図ったり，団体共通の課題や意見を集約して解決するためのネットワークである．2005年11月，水生生物研究会や生物多様性研究会など多くの団体が発起人となって，長い間，実現が待たれていた市民団体のネットワーク化が実現した．全国23団体が参加して全国ブラックバス防除市民ネットワーク（http://www.no_bass.net/）が結成されたのである．郷の会の安住理事長が初代会長，水生生物研究会の小林光代表が事務局長に就任し，2006年春から早速活動を開始した．5月には全国ブラックバス防除ウィークとしてバス駆除を全国で同時展開し，全国的な話題となった．秋から冬にかけてバス防除ネットワークが後援して各地の市民団体が池干しやシンポジウム，研修会などの開催を企画している．

　ネットワーク化が実現し，地域の小さな市民団体による地道な活動が合流し，全国的なバス駆除の大きな流れになった．また，市民団体の意見や開発した新技術が全国的に反映されるようになった．このようなネットワーク機能を維持することにより，全国各地で自然再生を目指す新しい発想が生ま

れ，斬新な手法が次々と現実的なものになるであろう．そして，市民によるブラックバス駆除と自然再生の活動は拡大しながら継続すると考えられる．

最後に，活動の継続に必要な要素として，モチベーションについて触れたい．モチベーションをもち続けるには，会員が現実的で明快な目的を共有する必要がある．筆者らが目標とする自然再生がどんなに素晴らしくても，活動には障害が立ちはだかり，その結果，行きづまってしまうことが少なからずある．共通目的をもった人たちとの共同作業は楽しいけれど，さまざまな厳しい現実に打ち負かされて，挫折感を味わうこともある．そのような時，概念的な目的とは別に団体がそれぞれの明快で現実的な目的や目標を共有していれば，多くの場合，組織崩壊を避けることができると思われる．郷の会では，自らの活動により期待される効果を議論することで，「何のために何をなすべきか」という具体的な目標を共有してきた．また，同種の活動を展開する市民団体の成功事例が，再起に向けて重要な示唆を与え，勇気づけてくれることもある．

期待される効果や成功事例とはどんなものだろうか？　例えば，郷の会で考えられることを列挙してみよう．①バス駆除した水域へ里親が育てたシナイモツゴを放流して，原風景の復活に貢献した．②バス駆除したため池でスジエビが見事に大繁殖したので，これをおいしくいただいた．③バス・バスターズに中核部隊として参加している伊豆沼では小魚が増えつつあり，自然再生の兆しがみられる．④シナイモツゴやゼニタナゴのすむため池の水で米を栽培している農家がシナイモツゴ米やゼニタナゴ米の販売を計画している．⑤池干しを通じて子供たちに自然の大切さを実感してもらった．このように筆者らは，活動の成果としてバスの駆除数よりも，駆除にともなう自然再生の手応え，そして，活動を通じた啓発が重要であると考えている．

郷の会は，「バス駆除と里親制度でシナイモツゴをたくさん増やし，昔のように普通の魚になったら，みんなで佃煮にしておいしくいただく」という目標を全員で共有している．自然再生に貢献した結果，豊かな自然が実現したら，この一部をありがたく享受することこそ究極の目標と考えているのである．筆者らの意味する豊かな自然の恵みとは，おいしい水や空気であり，地域の原風景であり，自然がもたらした食文化である．

引用文献

1) 高橋清孝, 1997：シナイモツゴ, 日本の希少淡水魚の現状と系統保存（長田芳和・細谷和海編），緑書房，104-113.

<資料> 特別採捕許可申請の手続き

下記1～5および7～9の書類を添えて申請する．

調査および駆除終了後は9～10で許可証を返却し調査結果を報告する．

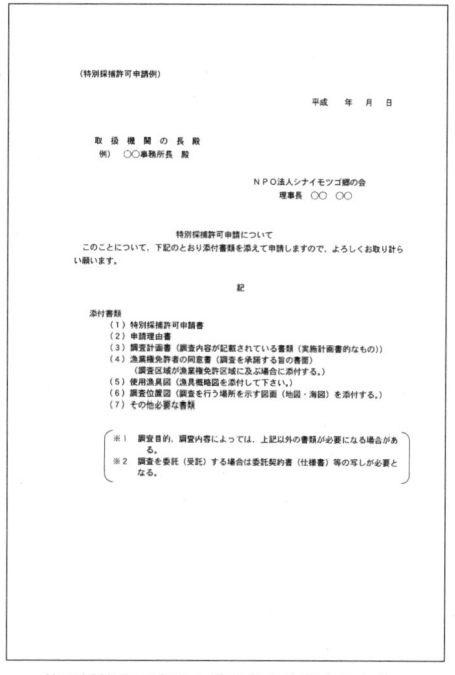

1 特別採捕許可申請の手続きを依頼する文書
都道府県庁の水産関係課あるいは出先機関の長あて

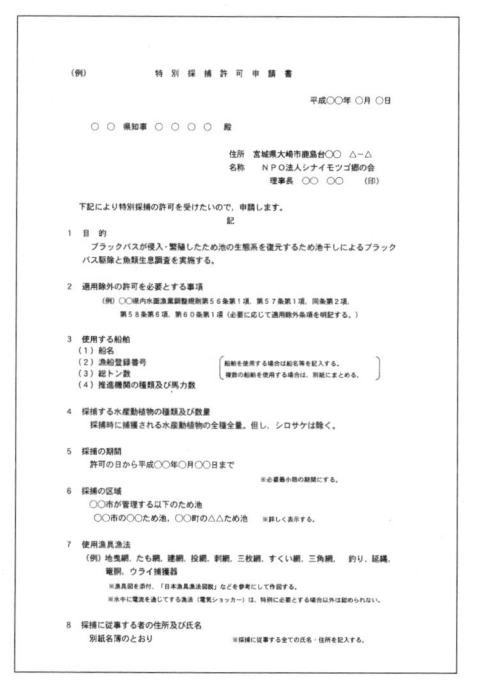

2 特別採捕許可申請書
都道府県知事宛

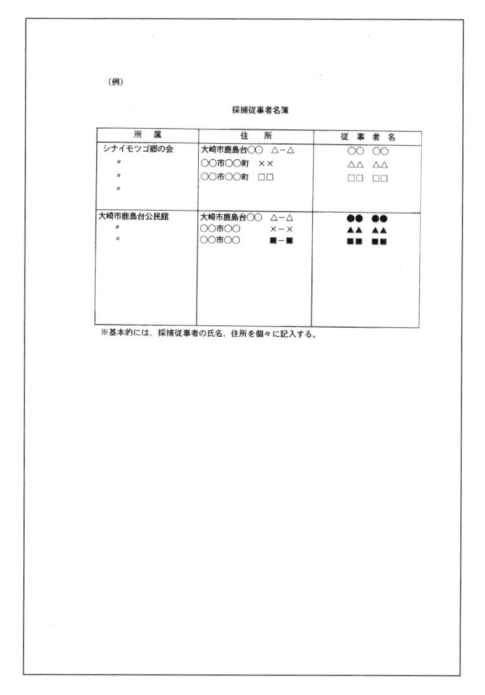

3 採捕従事者名簿
調査や駆除への参加者名簿

4　特別採捕許可申請理由書
　　申請する理由

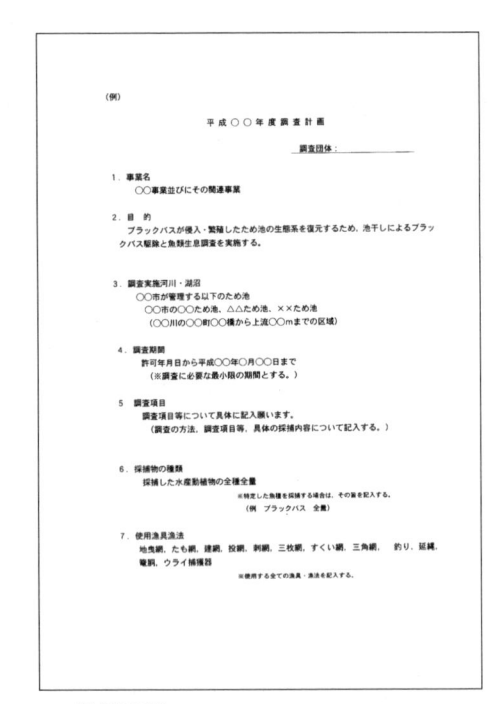

5　調査計画書
　　駆除及び調査の計画を記載

6　漁業権者へ調査および駆除の同意を依頼する文書
　　漁業権が設定されている場合は漁業共同組合から調査および駆除の了解を得る．

漁業権が設定されていないため池などでは管理者の市町村などからの同意が必要となる場合がある．
いずれも，文書依頼と同時に担当者へ調査計画などを直接説明した方がよい．

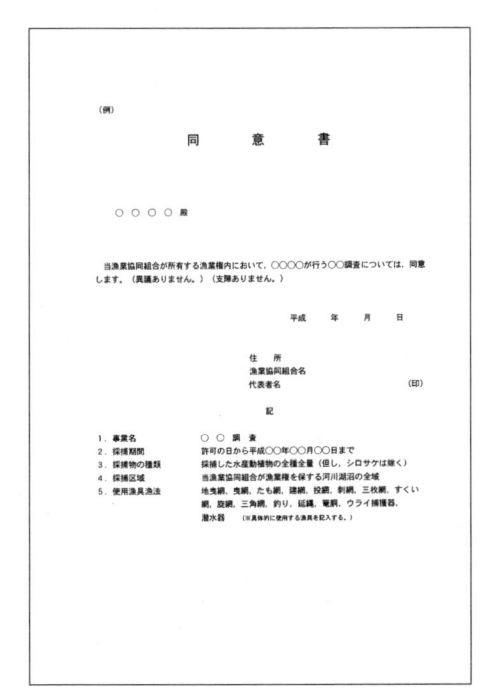

7 同意書（漁業共同組合あるいは市町村の同意書の例）
相手方の作業を簡略化するため例文を同封して，押印した文書を返送してもらう．

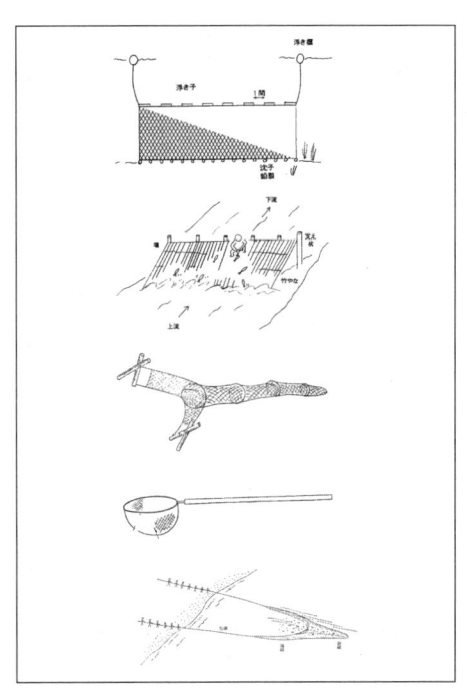

8 漁具漁法図
使用する漁具と漁法の図を添付する．
内水面漁具・漁法図説（水産庁 1996）などを参考にして作成する
（水産庁，1996：内水面漁具・漁法図説，pp1083）

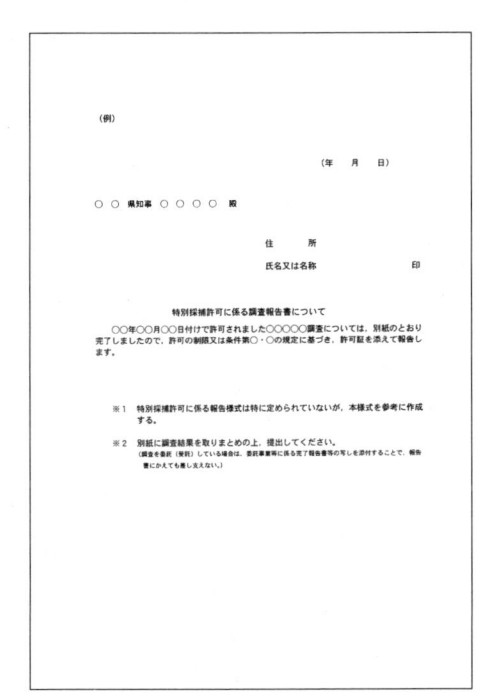

9 特別採捕許可に係る調査報告書について
返却する許可証と調査結果報告書を送付する文書
許可申請した期間の長あて（調査あるいは駆除終了後，許可証の返済と調査結果の報告が義務づけられている）

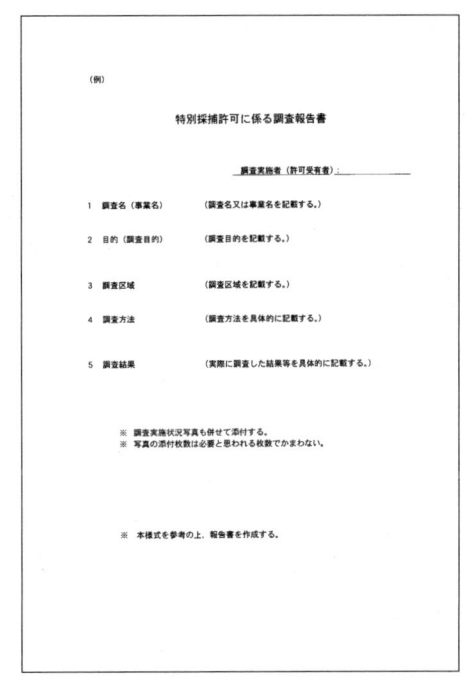

10 特別採捕許可に係る調査報告書
様式は定められていないが，例の内容について記載する

市民による自然再生

4

4・1
シナイモツゴの保全への模索
―長野県のシナイモツゴを例に―
高田 啓介・小西 繭

　ここはまさに生き残りをかけた戦場なのだ．希少種のシナイモツゴと，もともと西日本に分布し東日本に拡大しつつあると言われる国内外来魚のモツゴを，ため池が多数集中する長野県内のとある場所で調査したとき，筆者らはそう感じた．シナイモツゴはまるで滅びゆく平家の落ち武者のごとく，モツゴは落ち武者を狩る日の出の勢いの源氏の軍勢に見えた．環境省のレッドリストの絶滅危惧ⅠB類（EN）に登録[1]されるのも無理はない．

　筆者らがシナイモツゴとモツゴの関係に興味をもったのは，ある研究がきっかけであった．その研究は，東北地方のシナイモツゴの生息地が激減し，わずか20年たらずで移入されたモツゴに置き換わってしまったことを報告していた[2,3,4,5]．バス類を代表とする外来魚によって，在来の小型淡水魚が捕食されたり，餌や生息場所を奪われるなどの生物学的環境の変化や，河川や池沼の護岸整備や埋め立てといった物理学的環境の変化によって生息できなくなるという話はよく聞く．しかし，シナイモツゴの場合は物理的生息環境の変化も伴わず，食う食われるの関係もない同属の近縁種モツゴに取って代わられるというのである．この報告を読んで，筆者らは，これは生息環境の問題だけではなく，両種の間の生物学的な特性によって起こるのではないかと考えた．これがシナイモツゴとの出会いであった．

1. シナイモツゴとモツゴの形態・生態・分布の特徴

　ここで，シナイモツゴとモツゴの形態，生態と分布を手短に紹介する．日本産モツゴ属魚類には，モツゴ *Pseudorasbora parva*，シナイモツゴ *P. pumila* の2種が知られている（図4・1）．この2種の形態的差異としてまず挙げられるのが，人間でいえば聴覚器官に相当し，頭の後ろから尾鰭の付け根まで一列に連なる穴のある（有孔）側線鱗の数と位置の違いである．シナイモツゴは有孔鱗が頭のすぐ後ろに0～5枚しかもたないのに対し，モツゴは頭のすぐ後ろから尾鰭まで連続し，その数は35～39枚におよぶ[6]．また，シナイモツゴはモツゴと比較して，体高が高く[3] 尾柄が太い傾向にある[7]ことから，まるみを帯びて見える．

　シナイモツゴとモツゴは，両種ともに底生の小

図4・1　シナイモツゴ（上），モツゴ（下）

動物や浮遊生のプランクトンおよび付着藻類を食べる雑食性であり，メスにくらべてオスが大型になる点も共通している[8]．繁殖期は長野県ではモツゴが4〜6月，シナイモツゴが4〜5月と重複している．また，両種ともにオスが水中の枯れ枝や石などのまわりに産卵なわばりをもち，メスと1対1で産卵する．なわばりをもつオスは複数のメスと産卵し，オスは卵がふ化するまで保護する．

日本列島のモツゴは太平洋側では関東，日本海側では新潟以西の本州，四国および九州に分布し，シナイモツゴは関東，新潟以北の本州に分布するとされている．また，シナイモツゴは日本固有種であるが，モツゴは台湾，朝鮮半島，沿海州から華南までアジア大陸東部に広く分布している[9]．中村[8]は関東地方のシナイモツゴはほぼ絶滅状態であると報告している．筆者らも中村が東京都と群馬県でシナイモツゴを報告した地点で調査したが，モツゴのみが採集され，シナイモツゴは発見できなかった．こうしたことから，関東地方のシナイモツゴは残念ながら絶滅してしまい，モツゴに取って代わられたと考えざるをえない．また東北地方でもシナイモツゴの生息地の減少とそれに呼応してモツゴの生息地の拡大が報告されている[3, 5]．こうしたモツゴの分布拡大は日本国内に限ったことではない．モツゴは，ヨーロッパ各地，中央アジア各国，さらには太平洋のフィジーまで移植され[10]，移植された地でさらに分布を広げ，ヨーロッパではその地域の希少淡水魚へ重大な影響をおよぼすまでになっているという[11]．

両種の本来の分布を比較すると，関東など一部の地域を除き，地誌的にみてシナイモツゴは東北地方を中心に，モツゴは西日本からアジア大陸東部を中心に，それぞれの種が別々の場所で長い期間接触することなく生息していたと考えられる．人間の経済活動にともなう移植などにより，両種の接触が起こると，両種の形態・生態がきわめて類似していることがあだになり，シナイモツゴが不利になってその生息場所をモツゴに乗っ取られていったのではないかと筆者らは最初に考えていた．

2．長野県内の両種の勢力分布と多様性

東日本全域で起きている急速なシナイモツゴの分布縮小とモツゴの分布拡大がどのような生物学的現象とむすびついて生じているのだろうか．興味を惹かれたシナイモツゴとモツゴは，両種ともに筆者らの住む長野県にも分布していた[12]．長野県は海には接していないものの，県内を流れる河川は信濃川に代表される日本海へ流れる川，天竜川や木曽川など太平洋へ流れる川に二分される．そして，急峻な北アルプスや南アルプスなどの脊梁山脈に遮られて，それぞれの河川の上流部は近接しながらも，日本海側，あるいは，太平洋側由来の淡水魚相をもち，生物地理学的にも特徴のある地域を形成している．

筆者らは，日本海に注ぐ信濃川流域，そして，太平洋に注ぐ天竜川流域のため池を中心にシナイモツゴとモツゴの長野県内での分布状況の把握することから始めた．モツゴは信濃川流域，天竜川流域のため池から多数採集された．ところが，シナイモツゴは日本海に注ぐ信濃川流域の限られた2地域のため池からしか採集されなかった．長野県内でもシナイモツゴの分布は東北地方と同様に限定されていることが明らかになった．

次にアロザイム解析による集団遺伝学的な調査でそれらの遺伝的関係を明らかにしようと試みた．アロザイム解析とは魚の筋肉や肝臓から抽出した酵素のタイプ（多型）から遺伝子組成を推測し，それぞれの池に生息するシナイモツゴ，あるいは，モツゴの種間，および種内の遺伝的特徴を知ること

のできる解析方法である．具体的には，ため池ごとにどの程度のバリエーション（遺伝的多様性）をもっているか，そして，どのため池のシナイモツゴ同士の血縁関係（遺伝的類縁性）が深いのか，などを知ることができる．

アロザイム解析から，2つの結果が得られた．まず，侵入してきたとされるモツゴの遺伝的多様性は大きく，しかも，信濃川水系と天竜川水系でそれぞれ遺伝的にまとまりをもっていた．このことは，もし移殖によってモツゴがこれらのため池にもたらされたとすると，遺伝的多様性が大きいことは移殖個体数が天然分布と区別できないくらい多かった，あるいは，何度も移殖されたことを示唆している．また，水系ごとに遺伝的まとまりを示すことは，移殖後にそれぞれの水系で二次的に分布を広げた可能性も考えられた．2つ目は，長野県に分布するシナイモツゴには同一地域内のため池間でも，40キロほど離れた2つのシナイモツゴの生息地域間でも遺伝的変異がまったく認められず，遺伝子がホモ化していた．すなわち，今回調べた遺伝子では，個体を区別することができず，長野県内のシナイモツゴはモツゴのような遺伝的多様性をもっていなかったのである．

3. 交雑と種の置き換わり

さらに驚いたことに，シナイモツゴとモツゴの生息するため池が多数隣接する地域でアロザイムを解析していると，両種の遺伝子を併せもつ雑種個体が見いだされた[13]．種間の交雑はこれまで例外的な生物学現象として扱われることが多かった．ところが，長野県で見つかったシナイモツゴとモツゴの雑種個体には例外的な現象として片づけることはできない，際だった特徴がいくつかあった．まず，両親種も合わせた生息個体数全体の約40％を雑種個体が占めるため池がいくつも見つかったことである．そして，アロザイム解析から得られる遺伝子の情報から，見つかった雑種個体すべてがシナイモツゴとモツゴを両親にもつ雑種第1世代であり，雑種と両親種の戻し交配個体や，雑種第1世代同士の交配による雑種第2世代はまったくいないことが明らかになった．

この2つ目までの特徴に気がついたとき，筆者らは中村[8]の報告の中に興味深い記述があったことを思い出した．中村はシナイモツゴとモツゴが同一種か同一種中の別亜種かを判断するために，両種の交雑実験を行なっていた．そして，雑種第1世代は順調に発育し形態は両種の中間になったが，2年以上飼育しても雌雄ともに成熟するものはいなかった，つまり，不妊だったと報告している．長野県で発見された雑種個体が雑種第1世代だけであったということは，もしかしたら中村が人為的に交雑実験をして得た雑種個体と同様に不妊だからなのではないか，と思いついた．産卵期の雑種の生殖腺を顕微鏡で観察すると，案の定，卵や精子が観察されるどころか，生殖腺を顕微鏡でみても卵巣か精巣かの区別さえできなかったのである．すなわち，個体数の40％をも占める雑種第1世代は例外なく不妊であった．

雑種が不妊になることは，子供をどれだけ残すことができるかに関わる大問題である．しかも，ため池全体の40％を越える個体が不妊であれば，シナイモツゴであろうとモツゴであろうと，その池の個体群の存亡に関わる重大事であることは想像に難くない．しかし，雑種個体が不妊であることはその両親であるシナイモツゴとモツゴの両方がその子孫が残せなくなるという点で，それぞれの種が同じように被害を被ることになる．そうだとすれば，交雑して雑種が不妊になることと，在来種のシナイモツゴの分布が国内外来種のモツゴの分布に置き換わるという2つの事実には直接関連はないこ

とになってしまう．なにか筆者らがまだ気づいていない事実があるに違いない．

そこで，筆者らは野外で発見された雑種第一代目の個体の母親と父親がシナイモツゴ，モツゴのどちらであるかを調べてみることにした．これには，母親からのみ子に伝えられ，父親からは決して子に伝えることのできない遺伝子であるmtDNAを解析することによって，母親と父親の種を調べた．すると驚いたことに，どの池の雑種個体もシナイモツゴと同じmtDNAのパタンをもち，モツゴのmtDNAのパタンをもつ雑種は1個体もいなかった．つまり，すべての雑種の母親はシナイモツゴ，父親はモツゴであった[14]．これまで100個体を越える雑種個体のmtDNAを解析したが，例外は1個体も検出していない．つまり，長野県のため池では，一方方向の交雑だけが起こっており，シナイモツゴを母親とする雑種個体しか産まれていない．では，なぜ一方方向の交雑が在来希少魚のシナイモツゴの分布地が国内外来種であるモツゴの分布地へと置換する原因になりうるのであろうか．

動植物を問わずメスが生涯に産む卵の数は，オスが生涯に作る精子の数と比較して遙かに少ない．さらに魚類のメスは生涯に1回，あるいはせいぜい数回に分けてその数少ない卵を産む．一方，魚類のオスはメスにくらべると多数回にわたって放精が可能である．1日に何度も放精することも決して珍しくはない．しかし，産卵期直前のオスとメスの生殖腺の重さを比較してみると，オスの精巣の重さにくらべて少数の配偶子しか産まないメスの生殖腺の重さが重い場合が多い．このことは，配偶子1個を作るためにメスとオスが使っているエネルギーコストには大きな違いがあり，卵1個を産む方が精子1個を産むよりはるかにエネルギーコストがかかることを意味している．

メスとオスが1個の配偶子にかけるエネルギーコストの違いは，シナイモツゴもモツゴもあてはまる．在来種のシナイモツゴと国内外来種のモツゴが出会うと交雑が生ずる．しかも，シナイモツゴが必ず雑種の母親になるのである．すなわち，将来子を残すことのできない不妊の雑種を作るためにシナイモツゴのメスだけがエネルギーコストの高価な卵を一方的に提供しているのである．逆に，モツゴのメスはこの大切な卵を不妊の雑種を作るためには一切提供していない．モツゴのメスは貴重な卵を同種のオスとペア産卵するため無駄づかいすることはないし，モツゴのオスにとってはシナイモツゴのメスと産卵し，少々精子を雑種作りに無駄づかいしたとしても，モツゴのメスとの交配にはなんら支障を来すことはない．こうした生物学的原因のために，長野県のため池では子孫を残すためにきわめて高価な卵を無駄遣いさせられるシナイモツゴが，あっという間に国内外来種のモツゴに置き換わっていくのではないかと筆者らは考えている．

長野県で得られたこうした知見を基に，筆者らは交雑が原因でシナイモツゴの生息地がモツゴの分布へと変化するプロセスを説明する仮説を提案した[14]（図4・2）．筆者らが考えている種が置き換わるプロセスが実際におき

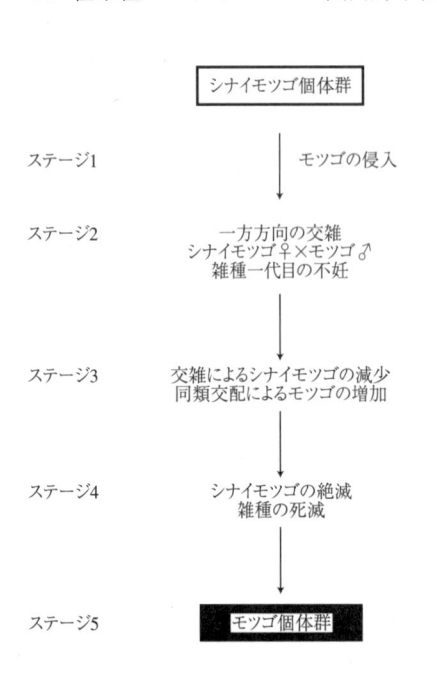

図4・2 シナイモツゴとモツゴの一方的交雑によって生じるシナイモツゴ個体群からモツゴ個体群への種の置換過程[14]

ているか否かの検証については小西・高田[15]に詳細があるので，参照願いたい．また，長野県内だけでなく，より広範囲にモツゴへの置き換わりが報告されている東北地方でもこの仮説を当てはめることができるのかどうか，さらに検証を進めているところである．

　つい最近，Koga and Goto[16] は，東北地方の少数のため池で，長野県と同様にシナイモツゴとモツゴの雑種個体を見いだしている．しかし，見いだされた雑種は第1世代ではなく，雑種第2世代以降，あるいは，戻し交配個体であると彼らは推定している．すなわち長野県のため池の場合と異なり，東北地方のこれらのため池では雑種第一代は不妊ではなく，子孫を残せるらしい．今のところ，雑種の妊性が長野と東北地方で異なる原因がなにかは判っていない．しかし，この相違を統一的に理解するには，今後両地域のシナイモツゴの遺伝的関係の把握や国内外来種のモツゴの出身地を解明することが大きな手がかりとなってくれるであろう．シナイモツゴとモツゴの雑種を巡る研究はまだスタートラインに就いたばかりである．Koga and Goto[16] が示唆した妊性をもつ雑種個体の存在だけでなく，今後東北地方のシナイモツゴとモツゴの研究から，新事実が発見されるのではないかと大いに期待している．そして，雑種形成をとおしてシナイモツゴからモツゴへ種が置換するという筆者らの仮説に，こうした新たな知見を加味することにより，より実際に即した置換モデルへと改良できると期待している．

4．長野県におけるシナイモツゴ保全への取り組みと展望

　シナイモツゴの減少の原因の1つが近縁の国内外来種のモツゴとの交雑という近縁種間の相互作用にあることを紹介してきた．しかし，シナイモツゴがモツゴへと置換する原因の一部が分かったからといって，絶滅危惧種であるシナイモツゴ保全のための妙案がすぐに思い描けるわけではない．そのためには，現在のシナイモツゴの生息状況や，その生息を脅かすような物理環境の変化にむすびつくさまざまな要因を総合的に把握する必要がある．後半部ではこれまで調査を行なってきた長野県のシナイモツゴの生息状況と保全の現状を解説し，その方向性を考えてみよう．

　長野県は2004年にシナイモツゴを絶滅危惧ⅠB類として長野県レッドデータブックに登録し[17]，さらに，2005年3月にシナイモツゴは魚類では唯一，長野県の指定希少野生動物種に指定された．2003年から施行された長野県希少野生動植物保護条例によりシナイモツゴの捕獲の規制，生息地の保護が行なわれている．さらに，この条例は，県が行なう指定希少野生動物の保護回復事業や指定希少野生動物の生息・生育に影響をおよぼす外来種の調査・対策にまで言及している．

　長野県の条例制定と相前後して，地元の自治体ではシナイモツゴの生息するため池群で外来種の生息状況調査や，その結果に基づくバス類などの除去事業を2003年から開始している．地元自治体の調査では，これまでに156ヵ所のため池の魚類調査を行ない，そのうち19のため池でシナイモツゴの生息を確認している．一方でそれを上回る数のため池がすでにモツゴの生息するため池となっていることも明らかになった．また，小規模なため池であるにもかかわらず，一割近くのため池で移入種のバス類やブルーギルの生息が確認された．長野県のシナイモツゴは国内外来種のモツゴとの交雑の危機に直面しているばかりか，バス類やブルーギルに捕食される脅威にもさらされている．まさに『前門の虎，後門の狼』なのである．

　この自治体の2004年の調査では，シナイモツゴ，モツゴ，そして，両種の雑種個体の検出を筆者

らと同じ遺伝子解析による方法でも試みている．筆者らがシナイモツゴだけが生息すると考えていた3つのため池で解析を行なったところ，シナイモツゴに混じって，雑種個体とモツゴを発見している．興味深いのは，解析した55個体のうち，雑種個体とモツゴは合計5個体とシナイモツゴより圧倒的に少なく，モツゴがこのため池に侵入した時期は産卵期を1度経ただけで，わずか半年か1年前であろうと推測されたことである．

この事実は，モツゴの侵入が現在もなお時々刻々と進行しており，シナイモツゴが生息する19ヵ所のため池も，いつ何時モツゴが入ってくるか判らない状態にあることを意味している．侵入した直後であれば，池干しなどの際にモツゴや雑種を除くことも可能であろう．2004年に地元自治体が行なったように，シナイモツゴが生息するため池で定期的に種組成のモニタリングを行ない，モツゴの侵入を速やかに検出し，除去することが現在のところ交雑を防ぐもっとも有効な手段である．

この自治体では2003年からのシナイモツゴの調査にあたり，生息する地区の住民に対して事前に外来魚に関する広報活動を行なっている．また，著者の一人もこの地区の小学校の総合学習の時間にシナイモツゴの保全の重要性について何年にもわたって話題を提供してきている．こうしたことを考えると，地元自治体の調査で明らかになったモツゴの侵入が，意識的にモツゴが放流された結果とは考えにくい．では，なぜ我々の目の前でモツゴの侵入が起こってしまったのであろうか．

1）棚田の役割

長野県のシナイモツゴ個体群は現在日本唯一の大規模生息地であるとされている．大規模生息地であるといっても，人里離れた山奥のため池ではない．山の斜面に棚田が広がり，その合間にシナイモツゴの生息するため池群が点在している．棚田は貴重な水資源を標高の高い田圃から標高の低い田圃へ有効利用するために先人が作り上げた血と汗の結晶である（図4・3）．水の有効利用のために，棚田同士が常設あるいは一時的水路で網の目のように連結されていることは想像に難くないであろう．雨水やわずかな山の湧き水を溜め，棚田に水を供給する役目柄，ため池は当然こうした棚田水路網に組み入れられている．この地形的なため池の配置は，国内外来種であるモツゴが1つのため池に，事故にせよ事故でないにせよ移殖された場合，その移殖された池のシナイモツゴと交雑し，モツゴの生息するため池になってしまうばかりか，水路や棚田を通じて隣接したため池にまでモツゴが侵入し，連鎖的に交雑を生じさせてしまう危険性を秘めている．

実際に，このシナイモツゴの生息地の一部では一定の標高より低いため池では調査したすべての池でモツゴのみか，あるいはシナイモツゴとモツゴの雑種が出現しシナイモツゴのみ生息するため池が消滅していた．ため池の標高とモツゴの分布状況から，面積も大きく，かつてコイやフナの放流が行なわれモツゴが混入する機会が多く，また，現在モツゴの分布する標高がもっとも高いため池から，より低い位置にあるため池へとモツゴは水路を通じて分散し交雑を生じ，シナイモツゴからモツゴへと種が置き換わったの

図4・3　シナイモツゴ生息地のため池と棚田

であろうと筆者らは考えている[15]．今回筆者らの目の前で起こったモツゴの侵入と交雑も，同じ原因で起きたのであろう．

これらの調査結果からシナイモツゴの保全策，特にモツゴとの交雑を防ぐためのいくつかの示唆を得ることができる．いち早くモツゴの侵入を検知するための定期的なモニタリングに加えて，シナイモツゴの生息するため池の標高やそれらを連絡する水路網を把握することにより，モツゴの侵入経路を事前に予測することができるかもしれない．侵入されやすいため池を予測することができれば，効率のよいモツゴ侵入のモニタリングができるだろう．意図しないモツゴの侵入をさらに積極的に防ぐためには，シナイモツゴの生息するため池が集中する地域の水路と，すでにモツゴの侵入している池が連絡する水路を完全に分離することも有効な手段になるだろう．東北地方のシナイモツゴの生息するため池も丘陵地や山裾に分布していることが多く，長野県の場合と同じく，ため池の標高とそれをつなぐ水路の関係に注目した保全が重要になるだろう．

長野県のシナイモツゴの置かれている状況は，単にモツゴという国内外来種との交雑，そして，国外外来種のバス類やブルーギルによる捕食の脅威にさらされているばかりではない．シナイモツゴが生息しているため池の維持・管理によって，生息地そのものが失われかねない深刻な問題が生じはじめている．最近シナイモツゴの生息地を調査していて，水際に水生植物がまったく生えていない奇妙なため池があることに気がついた．そのため池の堤の内張は産業廃棄物などを埋設する前に底に敷く分厚い樹脂の皮膜をもつシートになっていたのである（図4・4）．これではシナイモツゴが卵を産みつける植物の枯れ枝や，稚魚や成魚が隠れ場所にする水際の大切な植物群落がなくなり生活する空間を失ってしまう．

図4・4　かつてシナイモツゴの生息していたため池の堤の改修
　　　　左：工事中，堤はため池の底に届くまでシートに覆われている．右：工事完了後，貯水が始まっているが堤の上部はシートがのぞいている

2）ため池環境の保全

前年までシナイモツゴが生息していたため池で，池の水を完全に干して堤の工事をしている工事業者に話を聞いてみた．従来のため池のように粘土を付き固めた堤だと水漏れを防止するには定期的に改修工事が必要だが，シートを張ると長期間改修の必要はなくなり安上がりだ．また，水際の草を年

に何度か刈る必要があるが，このシートのおかげで堤の草は生えず草刈りの手間がいらなくなり，お年寄りは助かるのだというものであった．この地域もご多分に漏れず農業従事者の高齢化や兼業化が進んでいる．希少種のシナイモツゴを保全するためにため池環境の保全に理解をしてもらいたいと要望することはできても，よりコストと手間のかかる従来通りのため池を維持してくれとはなかなか言い出せないのが現状である．

　この問題はシナイモツゴに限らず，ため池生態系をはじめとする里山，里川の保全には必ず付随してくる問題であろう．ため池のシートはこうした人間の経済活動を主眼とした環境の維持管理をもっとも経済的にすませようとした典型的な例であろう．希少種との共存共生や生息空間の保全をはかっていくためには，人間がどこまで生活の利便性を追求してもよいのか，目指そうとしている保全にはどれだけのコストが必要なのか，そして，そのコストを誰が負担するのか，真剣に考える時期にきている．

引用文献

1) 環境省，2003：汽水・淡水魚類，改訂・日本の絶滅のおそれのある野生生物―レッドデータブック，4，(財)自然環境研究センター．
2) 細谷和海，1979：最近のシナイモツゴとウシモツゴの減少について，淡水魚，5，117．
3) 内山　隆，1987：ウシモツゴ *Pseudorasbora pumila sub* sp.の形態と生態，淡水魚，13，74-84．
4) 高橋清孝，1997：シナイモツゴ，よみがえれ日本産淡水魚日本の希少淡水魚の現状と系統保存（長田・細谷編），緑書房，104-113．
5) 高橋清孝，1998：シナイモツゴ，日本の希少な野生水生生物に関するデータブック（水産庁編），社団法人日本水産資源保護協会，142-143．
6) 宮地傳三郎・川那部浩哉・水野信彦，1976：原色日本淡水魚類図鑑，保育社，462pp．
7) 青柳兵司，1957：日本列島産淡水魚類総説，大修館書店，108-109．
8) 中村守純，1969：日本のコイ科魚類，資源科学研究所，181-185．
9) 中村守純，1979：原色淡水魚類検索図鑑，北隆館．
10) FAO, 1997 : FAO database on introduced aquatic species. FAO, Rome.
11) Gozlan, R. E., St.Hilaire, S., Feist, S. W., Martin, P. and Kent, M. L., 2005 : Disease threat to European fish, *Nature*, 435, 1046.
12) 清水義雄，1996：篠ノ井の溜池に生息する貴重な魚貝類について，市誌研究ながの，3，230-237．
13) Konishi, M., Hosoya, K. and Takata, K., 2003 : Natural hybridization between endangered and introduced species of Pseudorasbora, with their genetic relationships and characteristics inferred from allozyme analyses., *Journal of Fish Biology*, 63, 213-231.
14) Konishi, M. and Takata, K., 2004 : Impact of asymmetrical hybridization followed by sterile F1 hybrids on species replacement in Pseudorasbora, Conservation Genetics, 5, 463-474.
15) 小西　繭・高田啓介（2005）：シナイモツゴからモツゴへ―交雑をとおした種の置き換わり―，希少淡水魚の現在と未来―積極的保全のシナリオ―（片野・森編），信山社，99-110．
16) Koga, K. and Goto, A., 2005 : Genetic structure of allopatric and sympatric populations in Pseudorasbora pumila pumila and Pseudorasbora parva, *Ichthyological Research*, 52, 243-250.
17) 長野県，2004：長野県版レッドデータブック，長野県の絶滅のおそれのある野生生物，長野県自然保護研究所，321pp．

4・2
シナイモツゴの保護とため池の自然再生

大浦 實・渡辺喜夫・三浦一雄・鈴木康文・遠藤富男・二宮景喜・佐藤孝三・石井洋子・坂本 啓・高橋清孝

　オオクチバスの食害による生態系破壊は今や社会問題化し，全国で駆除活動が展開されるようになった．貴重な財産である豊かな自然を守ろうと多くの人たちが参加している．最近，効果的な駆除方法も開発され，駆除の進んだ地域では在来の小型魚が戻りつつある．しかし，バスの繁殖が繰り返された水域では完膚なきまでに魚類や甲殻類が食い尽くされ，生態系は崩壊の危機にある．これを復元するにはどのようにすればいいのか？

　シナイモツゴ郷の会（以下「郷の会」という）の会員たちはバス駆除へ参加する度に，水面下で起きた惨状を目撃し，嘆き悲しみながら，一昔前の豊かな自然を回復する手段を考え続けてきた．以下，郷の会の活動記録を通して，筆者たちが目指す自然再生について紹介する．

1. 里山で60年ぶりに再発見されたシナイモツゴ

　コイ目コイ科のシナイモツゴは，その名のとおり，1916年に宮城県北部の3町にまたがる旧品井沼（今は干拓され美田に姿を変えている）で採捕され，1930年に京都大学の宮地傳三郎博士により新種記載され[1]，その標本は今も同大に保存されている．その後，1930年代に仙台市の斉藤報恩会の岡田博士らが東北地方で広範囲に魚類生息調査を実施，伊豆沼をはじめ秋田県，岩手県，山形県など東北地方の各地でシナイモツゴを採取し，シナイモツゴはドジョウやキンブナと同様に東北地方の普通種であると報告している[2]．しかし，宮城県において1935年以降正式な採捕記録はなく，模式産地の鹿島台町を含め宮城県ではすでに絶滅した可能性が高いと考えられていた．

　その後の1993年，約60年ぶりに郷の会副理事長の高橋清孝博士（前宮城県内水面水産試験場）により，旧品井沼近くのため池で再発見された[3]．早速旧鹿島台町（現大崎市）は「天然記念物」に指定，手厚く保護されることとなった．先立つ1991年，環境省はレッドデータブックでシナイモツゴを「希少種」とし，1999年の改訂版で「絶滅危惧ⅠB類」に分類して保護を呼びかけた．

図4・5　1916年に採捕されたシナイモツゴ模式標本
　　　　京都大学総合博物館に保存されている

図4・6　桂沢ため池のシナイモツゴ

2001年，環境省は宮城県大崎市鹿島台の生息池3ヵ所を「旧品井沼周辺ため池群」として「日本重要湿地500」に指定した．さらに2002年には，宮城県により"宮城県の希少な野性動植物"（宮城県版レッドデータブック）で「絶滅危惧Ⅰ類」とされるなど，大崎市鹿島台のシナイモツゴは模式産地で生き残った絶滅危惧種としてその重要性が広く認知されるようになった．

2．オオクチバスの侵入と郷の会の結成

このようにシナイモツゴ保護の気運は高まったかに見えたが，町民の認知度は低く，「シナイモツゴって何？」という反応が当時は大半を占めていた．一方，2001年の魚類調査により，シナイモツゴ生息池の1つでオオクチバスの侵入が確認され，シナイモツゴは一挙に絶滅の危機に陥った．

この素晴らしい生き物を後世に引き継ぐには，このままではダメだ，何とかしよう，と大崎市鹿島台内外の有志が集まり，任意団体シナイモツゴ郷の会（以下「郷の会」という）が2002年3月に発足した．

シナイモツゴとその模式産地を守るため保護活動が開始された．まず，生息池へ入る農道にチェーン施錠をした上で，監視パトロールを開始した．特に，生息池近隣の会員は常に目を光らせており，見知らぬ人が生息池へ侵入すると「注意」して侵入を阻止した上で，役場などへ通報することになっている．今後，確信犯による密放流を防ぐための監視体制をさらに強化する必要が出てきた．

2001年にオオクチバスが侵入したため池では，シナイモツゴの救出作戦を実施し，池干しによってシナイモツゴとともに絶滅危惧種のギバチやメダカをも保護することができた．

3．市民によって始まったバス掃討作戦

伊豆沼における一連の研究により，オオクチバス食害の影響は魚類にとどまらず貝類や鳥類の減少にまでおよび，オオクチバスの増加が生態系破壊をもたらしていることが明らかになったことから，郷の会の活動の一環としてバスを駆除することになった．

2002年，発足初年度の初仕事として大崎市鹿島台の生袋ため池の池干しによるバス駆除を実施した．オオクチバス357尾を駆除し，シナイモツゴ750尾を救出することができた．ほかに救出できた魚はギバチ125尾，フナ類1,358尾，ヨシノボリ250尾であった．オオクチバスは5～8cmの当歳魚が数多くみられ，侵入後最初の再生産を阻止することによりシナイモツゴなど在来魚を保護することができた．

郷の会の駆除活動に刺激を受けて，町内の地域住民によって3つのため池で池干しが実施された．いずれも，1990年代後半にバスが侵入した繁殖池で，それまで親しんできた小ブナや沼エビ（ヌカエビ，スジエビ）が姿を消してしまっていた．住民は豊かなため池の復元を切望していたが，押し寄せるバス釣師の前になす術がなかった．同時にため池管理者はバス釣師が廃棄するゴミや農道の破壊などで頭を痛めていた．特に，放棄された釣り糸が草刈り用の刈り払い機にからんで機械を損傷する事件が多発していたのである．地域の方々から要請され郷の会会員も参加し，お手伝いしたが，これらのため池では多くのバスと20cm以上のフナ類が捕獲されるだけで1993年に大量生息が確認されていたタイリクバラタナゴ，モツゴ，スジエビは1尾もみることができなかった．

2003年は，宮城県北部を震源地（大崎市鹿島台を含む）とする連続地震により，春から企画して

いた池干しは中止となってしまった．そこで，内水面水産試験場の指導をうけながら，刺網や三角網を用いて町内のため池で魚類調査を実施，シナイモツゴ生息池ではオオクチバスの新たな侵入がないことを確認し，会員一同は一安心した．一方，バス駆除後の自然再生を目指し，学校池を利用したシナイモツゴの人工繁殖の試みが子供たちと一緒ににぎやかに始まった．

2004年春，伊豆沼・内沼ゼニタナゴ復元プロジェクトの呼びかけに応じて，バス・バスターズに，郷の会会員10人が参加登録し，郷の会の高橋博士が開発した繁殖阻止システムによるオオクチバスの卵・稚魚・成魚をその各段階で駆除する方法[4]を習得し，伊豆沼・内沼のオオクチバス駆除に貢献した．現在このシステムは，町内の調査や駆除作業にも活用されている．

2004年には，2001年からバスが繁殖して稚魚の流出が確認されて，バス稚魚供給源となっていたため池を池干しすることになった．これには町子ども会育成連合会の全面的な協力があり，地域の方々と子どもたちが参加する大イベントとなった．水位が30cm程度に下がると参加者全員が地曳網を曳き，里山に歓声が響いた．完全排水後は堆積した泥に足を取られながらも，徒手採集により残った魚を採集した．最終的にオオクチバス330尾を駆除し，コイ11尾，フナ類58尾，多数のドブガイを救出した．しかし，ここでも，以前生息していたモツゴやタイリクバラタナゴなど小型魚類はまったくみられず，食害のすさまじさを実感することになった．

池干しのたびに密放流されたブラックバスの大繁殖によりエビ類や魚類が全滅した惨状を見せつけられて，筆者らは在来生態系を維持するためにはブラックバスの一掃が不可欠であり，さらに崩壊した生態系を復元するためには新たな手立てが必要であると考えるようになった．

4．シナイモツゴの人工繁殖

町内のシナイモツゴが生息するため池には，ゼニタナゴ，ギバチ，メダカ，ヌカエビ，スジエビが生息し，水面ではムカシトンボのつがいが産卵のためホバリングし，水上をオニヤンマが悠々と滑空している．また，セキレイが岸辺で餌を探し，対岸ではカモ類が翼を休め，トンビが上空を回転する．さらに，岸辺にはアオダイショウがトグロを巻き，足跡からタヌキが徘徊していることもわかる．これらのため池を訪れる度に，豊かな里山の生態系を垣間みることができて，心が癒される．ため池が里山の生態系の中できわめて重要な役割を演じてきたことは間違いない．わずかに残された貴重なこれらのため池を守るのは当然のことであるが，バスにより生態系が崩壊したため池についても何とかして再び豊かな自然を取り戻したいものである．こうして，筆者らは池干しなどでバスを駆除した後に，シナイモツゴなど在来魚を復元させるという遠大な計画に取り組むことになった．

最初に着手したのはシナイモツゴの人工繁殖である．

シナイモツゴは5～6月に産卵期を迎えると，雌は抱卵して腹部がやや膨らむ程度であるが，雄は見事に変身する．すなわち，雄は体全体を真黒に塗り替え，目の上半分にも黒のアイシャドーを施して精悍な目つきで周囲を睨みつけ，頭部にく

図4・7　精悍な産卵期の雄

っきりと白い斑点の追星を描いてアピールする．変身を遂げた雄は水中の枝や石などの周辺に縄張りを作り，表面を口で清掃しながら，ほかの魚を追い払い，雌が来るのを待ち続ける．雌がやってくると雄は急いで雌を出迎え，ダンスをしながら水中の枝や石などの産卵場所へ誘導し，産卵させる．産卵後は雄が雌を追い払い，ふ化するまでかいがいしく世話をする[5]．

シナイモツゴの人工繁殖はすでに宮城県内水面水産試験場により0.5t水槽を用いて行なわれている[5]．産卵基質として管工事に使用される塩ビパイプを輪切りあるいは半割りしたものを使用し，これらに付着した卵をミジンコが繁殖した水槽に収容してふ化させて飼育するものである．

郷の会でも2003年までこの方式により採卵していたが，塩ビパイプへの産卵率は2～3割程度でと効率が悪かった．生息池における産卵状況の観察により，シナイモツゴは水面に垂れ下がった桜の枝や池に突き刺した棒杭の水面近くへ多数産卵し，水底の石やコンクリートブロックなどへの産卵は産卵期の終盤に少数みられる程度であることが分かった．塩ビパイプは水に沈むので水底の泥に覆われると産卵基質として使用されなくなるのではないかと推測された．

2004年に実験池で爆発的な産卵状態を生み出した画期的な浮く産卵床は，意外にも安価なプラスチック製の植木鉢だった（図4・8）．

図4・8　産卵ポットに産み付けられた卵

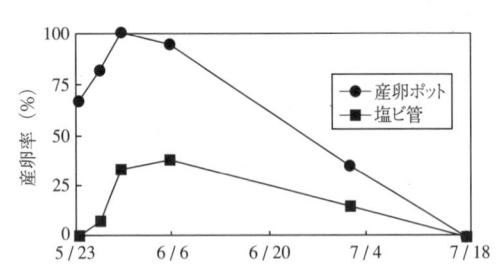

図4・9　産卵基質の違いによる産卵率の変化

5月中旬の産卵開始期，従来の塩ビパイプ10個にはまったく産卵がみられなかったが，試験的に設置したプラスチック製植木鉢5個中3個に大量産卵が確認された．これに気づいた会員たちは早速，自宅から植木鉢をもち寄って，水面に縄を張って，翌日には合計50個の植木鉢を設置した．そして，3日後には一部のプラスチック鉢へ産卵がみられ，1週間後には100％の鉢の内側と外側で大量に付着した卵がみられた．これに対し，従来型の塩ビパイプへの産卵率は30％前後であったことから，飛躍的な改善効果が実証された．水面に浮く産卵基質を採用したことにより，浮泥の堆積がほとんどなくなったので，シナイモツゴがここへ集中的に産卵するようになったと考えられる．陸上からもかいがいしく卵の世話をする雄の行動を容易に観察することができるようになった．会員たちにとっても，初めて見る感動的な光景だった．地元新聞も画期的な「産卵ポット」として紹介した．

産卵は5月末がピークで7月上旬まで継続し，この間に設置したすべての産卵ポットで産卵がみられ，次々にふ化した．写真撮影により産卵ポットに産み付けられた卵数を計数したところ，1個当た

り約12,000個と計算され,これにより卵を大量確保する方法が確立された(図4·9).

卵の移動もむずかしい課題であった.シナイモツゴ卵は産卵後1週間前後でふ化するが,産卵直後の卵を移動させると,消毒薬を用いても移動先で卵がミズカビに覆われてほとんどふ化することなく死滅することが多かった.数回,苦い経験を味わった後,サケの人工ふ化に習って,卵に眼ができた段階で,すなわちふ化直前の発眼卵を移動させたところ,100％の卵をふ化させることができた(図4·10).

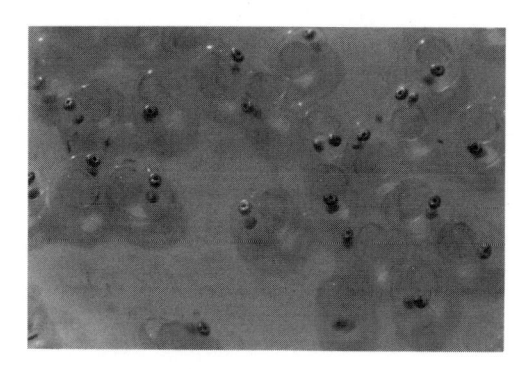

図4·10 ふ化直前の発眼卵

このように,会員たちの情熱と創意工夫が,画期的な産卵ポットを産み出して大量採卵を可能にし,さらに,発眼卵を移送することにより100％のふ化を成功させた.大量採卵が可能となって,移送用発眼卵の確保も容易になり,卵の確保と移動技術は一気に完成の域に達した.

5. 稚魚の飼育

人工繁殖でもっとも人手と時間がかかるのは稚魚の育成である.給餌や池の管理などを体長3cm以上となる9月ごろまで続ける必要がある.しかし,一方,稚魚の飼育は「繁殖」という自然の営みを観察する絶好の機会でもある.

春,清掃後に水を張った繁殖池では,最初に珪藻など植物プランクトンが発生し,2～3週間後にミジンコが大量増殖する.この頃になると,岸辺の水面近くに赤い煙のようにモヤモヤとした塊が揺れ動くようになる.よくみると塊は1mm前後のミジンコの集団であることに気づく.群れの中では一尾一尾が激しく動き回っており,群れ全体が少しずつ移動している.この状態でシナイモツゴの卵を収容するとふ化稚魚はミジンコの餌である植物プランクトンやミジンコの子どもを食べて元気よく育つことができる.シナイモツゴはミジンコが大好物なので,池がある程度大きければ人工餌料を必要とせず,自然に発生するミジンコや付着藻類のみを食べて成魚まで成長することができる.シナイモツゴは小型魚であるため目立たないが,それゆえにミジンコなどのプランクトンや枯れた植物などで成長できるので,天然湖沼では餌に困ることがなく大繁殖して大勢力となりえるのである.これをウナギなど大型魚やサギ類,カイツブリなど魚食性の野鳥が食べ,生物循環が成り立って,豊かな生態系が維持されてきた.

身近な繁殖池で一連の過程を感動しながら観察し自然の大切さを理解してもらいたいと考え,2002年暮れに地元小学校へシナイモツゴ稚魚の飼育を呼びかけた.早速,鹿島台小学校が名乗りを上げ,学校池を使用した人工繁殖を引き受けていただくことになった.

6. 里親第一号の飼育記録

里親第一号となった鹿島台小学校には郷の会から飼育インストラクターが赴き,子どもたちの飼育管理を手伝った.以下はインストラクターのリーダーである一会員の記録である.(図4·11)

鹿島台小学校が4年生の総合学習として町の天然記念物シナイモツゴの飼育と人工繁殖を行なうことになり，郷の会はこれをお手伝いしながら人工繁殖試験に取り組んだ．

＜会員の手記＞（シナイ通信3号より）

4月28日	シナイモツゴを収用する池を作るため，マコモ，ガマなどの水草を採集した．
4月29日	4年生111人と郷の会会員が参加して実施．まず，校内の池の水を抜いてコイ，フナ，モツゴなどをすくいとり横山ビオトープへ移動．次に池を清掃し，水田の土を入れ睡蓮などを植えつける．
5月下旬	ミジンコの繁殖を確認．
6月1日	シナイモツゴ卵を移入しふ化を待つ．児童達も「早く大きくなあれ」と池をのぞく．
6月2日	一部ふ化開始．郷の会の会員数人で飼育管理を継続．
6月中旬	多数の稚魚が水面近くを泳ぎ，ミジンコを食べている．子どもたちも熱心に観察．
6月下旬	稚魚は食欲旺盛．ミジンコが少なくなってしまった．
7月初め	スクスク成長，体長1.5〜2.0cmになった．配合飼料を与え始める（2回/日）．
7月21日	小学校は夏休みにはいる．
7月25〜26日	宮城県北部地震発生．朝様子を見にいくと，池の側壁に大きな亀裂がはいり，漏水激しい．水位は半分以下に低下．応急処理で亀裂を修理．
8月上中旬	1日2回餌を与え，池の掃除をする．さらに成長し2cm以上の稚魚が多い．
8月下旬	2学期始まる．子どもたちもシナイモツゴが大きくなったと喜ぶ．生息数は2000尾前後と思われる．
9月	子どもたちが餌をあたえるようになった．会員は1日2回の水温測定と池の掃除．
10月17日	午前10時頃，見回りで盗難に気づく．池の中に残されたシナイモツゴは200尾前後と思われる．多くの人の協力で育ててきたのに残念でならない．
10月23日	4年生は総合学習で桂沢の野外学習の後，横山ビオトープでフナ，メダカなどを玉網などですくい，教室の水槽などへ移した．
11月	校庭の池とビオトープで越冬の準備をして，今年は終わります．

手記はここで終わるが，翌春には池の清掃を兼ねて成長したシナイモツゴをすべて収容したところ，約250尾が確認された．その後も，鹿島台小学校は継続して里親としての人工繁殖に取り組み，繁殖池のまわりにはいつも目を輝かした子どもたちの姿がある．大崎市鹿島台PTA会はインストラクターリーダーの渡辺氏に2005年4月に感謝状を贈呈した．

一方，子どもたちが育てた大切なシナイモツゴを一夜のうちにほとんど盗み去るという信じ難い事件が発生し，子どもたちや郷の会会員に大きな衝撃を与えた．これはマスコミでも大きく報道されたが，残念なことにペット

図4・11 里親第一号の鹿島台小学校の校庭池

ショップやインターネットでシナイモツゴが依然として高価格で販売されている．しかし，復元活動によりシナイモツゴが普通に見られるようになれば，このような歪んだ行動は消滅するはずである．

7．シナイモツゴ生息池の拡大

シナイモツゴ人工繁殖の成功を受けて，バスやモツゴなど害敵が生息しないため池などへ放流し，生息池を増やす試みが始まった．会員たちは数日間，大崎市鹿島台の山野を駆け巡りため池の魚類調査を実施し，適切な候補地を選定し，管理者の了解を得て放流した．

＜放流に参加した一会員の手記＞（シナイ通信5号；2004年9月より）
　絶滅が危惧されるシナイモツゴの生息域を拡大するための取り組みを昨年から実施しています．郷の会は今年の秋にNPO法人（特定非営利活動法人）の認証登録を目指していますが，定款の「目的」や「事業内容」にもシナイモツゴなどの人工繁殖，稚魚放流により生息場を増やすことを掲げています．今年はシナイモツゴの繁殖と放流に特に力をいれており，活動は新聞・テレビなどで報道されるなど周囲からも注目されています．
　まず，5月には鹿島台小学校で昨年人工ふ化させた稚魚を町内広長地区のため池に放流しました．6月にはシナイモツゴの産卵床にプラスチック製植木鉢を導入して高い効果をあげました．これは新聞などで「生息域拡大へ新兵器」と大きく報じられました．このようにして産卵させた植木鉢，15個を町内の2ヵ所のため池へ放流しております．今後も郷の会ではブラックバスの駆除などを行ないながら，バス退治したため池へシナイモツゴの卵や稚魚を放流して生息域の拡大に努めていきます．（図4・12）

図4・12　人工繁殖稚魚の放流による生息池拡大

8．里親の募集

生息域を拡大し，シナイモツゴの復元を図りながら，バスにより崩壊した生態系を復元しようという試みは町外へも発展しつつある．ただし，メダカで問題になった安易な放流による遺伝子かく乱を防ぐため，厳密なルールの下に実施することになった．すなわち，シナイモツゴ卵や稚魚の放流を当分仙台平野を中心とする宮城県内に厳しく限定することになる．したがって，今後，募集する里親も，県外からの要請がきわめて多く大変残念であるが，特別の場合を除いて県内に限定することにした．それは，生物多様性を維持する上で遺伝的固有性に配慮することは重要であり（4・4参照），放流による復元活動は各地域におけるそれぞれの系統群を母体にすべきであると，考えるからである．

1）卵の里親

2005年には里親第1号の鹿島台小学校に続く里親を募集することになった．多くの子どもたちにシナイモツゴを知ってもらい，自然の大切さを理解してもらいたいとの思いで，小中学校へ新聞などで呼びかけた．この事業は大阪コミュニティー財団の補助を受けることになり，この手続きに奔走した一会員によるマスコミへの呼びかけ文（2005年4月1日）を以下に掲載する．なお，新聞各社の報

道により多数の応募があり，県内の3校が人工繁殖に取り組んだ．

＜マスコミへの呼びかけ文＞
　民間の環境保全助成団体からの支援を受けて，シナイモツゴを復元するため子供たちと共にシナイモツゴの人工繁殖を行ないます．シナイモツゴの卵を引き受けて人工繁殖に取り組む里親を募集します．
　シナイモツゴは宮城県の地名（品井沼）を冠した唯一の魚であり，絶滅危惧ⅠB類に指定された貴重な魚です．シナイモツゴが住むため池ではゼニタナゴなど他の希少魚や各種エビ類も多量に生息し，豊かな自然が残されています．本プロジェクトで私たちはシナイモツゴが住める環境造りを進めることにより荒廃したため池（全国20万カ所，県内6千カ所）を始めとした水域の生態系復元を目指しています．
　当会が実施したこれまでの各種試験により，シナイモツゴの採卵方法（プラスチック鉢を用いた効果的な方法），卵運搬方法（ふ化直前卵の輸送），稚魚飼育方法（ミジンコ発生池におけるふ化飼育）の技術開発がほぼ完成し，この技術を使って地元小学校のコンクリート池（10m^{2}程度）において小学生主体の飼育で数千尾のシナイモツゴ稚魚を生産できるようになりました．
　これらの手法を用い，本会の熟練したインストラクターが技術指導することにより，誰でも（小学生も含めて），どこでも（学校の校庭池など），シナイモツゴを人工繁殖させることができるようになりました．ミジンコ（プランクトン）を池で繁殖させ，この中でシナイモツゴ卵，稚魚を育てるものです．これ自体が小さな生態系を成していますので，子供たちは直接観察し触れることにより多くのことを学ぶことができます．
　さらに，本プロジェクトで里親が育てたシナイモツゴ稚魚をブラックバス駆除後のため池へ放流することにより，これまで困難とされてきた崩壊した生態系の復元が可能になります．本会では稚魚放流によるシナイモツゴの生息池拡大に成功しており，技術的にはまったく問題ありません．この試みは全国でも初めてであり，ブラックバス駆除後の生態系復元方法として全国のモデルになると思われます．当会には飼育技術者や研究者が所属しており，必要に応じて講師を務めることができます．
　また，稚魚を受け入れて飼育する里親も募集しています．当会の賛助会員（里親会員）には家庭でシナイモツゴの稚魚を育ててもらうことも考えています．
　本会は平成14年春に発足し平成16年9月にNPO法人化しました．11月には全国の著名な研究者や自然保護の活動家をお呼びして，NPO法人設立記念シンポジウム「生態系保全とブラックバス対策」を開催しましたが，平成18年にはこのシンポジウムの内容を新刊本として刊行する予定です．
　本プロジェクトを広く報道していただくことにより，生態系保全と復元の重要性を一般の方々に理解していただき，そのための現実的な方法を提案し，共に実践したいと考えています．

2）稚魚の里親

　学校などで人工繁殖し育てた稚魚は自然再生のために役立てられることになっている．また，同時にシナイモツゴの保護に関心のある個人にも里親として飼育してもらう構想がある．郷の会では，遺伝子かく乱に配慮し，里親規約を制定し厳格なルールの下に里親制度を推進していくことになっている．なお，末尾に里親規約を添付したので参考にされたい．

＜一会員の手記＞（シナイ通信6号；2005年2月より）
　本会ではシナイモツゴの保護を図る目的で，シナイモツゴを家庭で飼育繁殖をしていただく里親を募集することにしていますが，現在そのためのルール作りを進めているところです．
　シナイモツゴは県内全域ですでに絶滅したと考えられていましたが，ご存じのように，高橋博士により町内のため池で再発見されました．品井沼ゆかりの模式産地種として学術的にも貴重であり，現在，町指定天然記念物として保護されています．本会では，町の宝であるシナイモツゴを守るために，生息地の環境保全とそれ以外の場所での繁殖を試みてまいりました．その一環として，地元の小中学校などでも，本会の支援のもとにすでに飼育されていますが，卵の採取，ふ化，稚魚の飼育に見通しがついてまいりましたので，今年9月から，学校以外での里親制度を本格的にスタートさせようとしております．
　しかし，シナイモツゴは環境省カテゴリーの絶滅危惧ⅠB類であり，全国的にも絶滅の危機にさらされていることには変わりありませんので，里親制度にはきちんとした目的，ルールが必要です．特に単なる飼育に終わったり，営利目的の飼育になることは避けたいと考えています．里親として飼育する目的を十分ご理解いただくように，また，飼育中にも常に本会と連絡が取りあえるように，里親になられる方には本会の替助会員になっていただくことが望ましいと考えています．
　自然はそれ自体，人の心を和ませてくれるものですが，シナイモツゴを育てることにより，郷土の豊かな自然，そして生態系を守る取り組みに対し多くの方に積極的にご参加いただきたいと思っています．

9. 自然再生を目指して

　ブラックバスがもたらしている自然界への影響はすさまじいものがあり，この復元に長い年月を要することを覚悟しなければならない．崩壊した生態系をどのようにして復元するのか，今やもっとも困難な課題の1つとなっている．バスを完全駆除しても，よみがえるのはプランクトンと昆虫のみでは復元というにはほど遠い．この中で，シナイモツゴなど小型のコイ科魚類はプランクトンや植物への依存度が高いので容易に復元することが可能であり，これが増えることにより，ウナギなど大型魚類の復元も可能となり，さらに，魚食性野鳥の飛来も期待できる．筆者らは，さらにゼニタナゴなど旧品井沼の系統群の繁殖実験を継続している．今後は，キンブナやギバチなど仙台平野に普通に生息していた淡水魚を加え，ブラックバスを駆除しながら自然の再生に取り組んでいきたいと考えている．

引用文献

1) Miyadi D., 1930 : Notes on a new cyprinoid fish *Psuedorasbora pumila* sp. nov. from Shinai-numa, prov. Rikuzen, *Annot. Zool. Japan*, **12**, 445-448.
2) Okada Y, Ikeda H., 1938 : Notes on the fresh water fishes of the Tohoku district in the collection of Saito Hozon Kai Museum, Saito Hozon Kai, *Mus.Res.Bull.*, **15**, 85-139.
3) 高橋清孝・門馬喜彦，1995：シナイモツゴの再発見と人工繁殖，宮城内水試研報，**2**, 1-9.
4) 高橋清孝，2004：宮城県のオオクチバス駆除マニュアル，広報ないすいめん，**37**, 4-9.
5) 高橋清孝，1997：シナイモツゴ，日本の希少淡水魚の現状と系統保存（長田芳和・細谷和海編），緑書房，104-113.

<資料>

シナイモツゴ里親制度規約

特定非営利活動法人シナイモツゴ郷の会

1　里親制度の目的

　本会は絶滅の危機にあるシナイモツゴを保護し，シナイモツゴが普通に生息できる自然を取り戻し，生態系全体の復元につとめることを目的として活動している．その目的を達成するための事業の1つとして，シナイモツゴを人工的に増殖し，個体数を増やすことに協力する里親制度を設ける．

2　里親会員について

（1）里親会員は次の三通りとし，募集時期を定めて希望者の中から本会で決定し，委嘱する．

（A）卵から育て，稚魚を経て成魚まで育成する里親を里親A会員とし，小中高校及び自然保護団体などから募集する．

（B）稚魚から育て，成魚まで育成する里親を里親B会員とし，一般個人から募集する．

（C）シナイモツゴの放流を受け入れ，生息場所としてのため池などを管理し，採卵に協力する里親を里親C会員とし，ため池管理者などから募集する．

（2）里親B会員は本会に正会員または賛助会員として入会することを原則とする．

（3）里親の期間は，育成のサイクルに合わせて1年間とするが，特に申し出がないかぎり，その後も自動継続とする．

（4）本会の目的及びこの規約に反する行為があった時は，本会で審議し，里親を解任することもある．

3　飼育環境について

（1）里親A会員は稚魚が安全に生育できるような専用の池などを整備する．

（2）里親B会員は稚魚が安全に生育できるような飼育装置を準備する．

（3）里親C会員は本会と協力しながら，害敵のいないため池などを維持，管理する．

4　育成中のシナイモツゴの取り扱いについて

　里親が育成したシナイモツゴの扱いは，本会の計画に沿って次期の増殖あるいは生息域拡大のための放流などに利用するので，本会の方針に従う．

　特に次の事項には十分に留意する．

（1）いかなる目的であっても，本会の了承を得ないで，卵，稚魚，成魚を問わず他に譲渡したり，放流することは禁止する．

（2）遺伝子撹乱を防ぐため，宮城県以外の地域への移出は，学術研究の目的を除き，原則として行なわない．

5　里親に対する指導，支援について

　本会は里親会員に対して，次のような指導・支援を行う．

（1）里親A会員には本会の飼育技術者が飼育上の基本技術について指導し，必要に応じて適宜助言する．

(2) 小中高校の場合は，定期的に巡回指導を行う．また，この制度を利用しての環境教育などが行われる場合は，講師派遣など希望に応じた便宜を図る．
(3) 里親B会員には，飼育上の基本技術について講習会などを開き，個人的問い合わせなどにも電話などで対応する．
(4) 必要事項については，本会の会報またはホームページなどを通じて連絡する．
付則 この規約は平成17年5月21日から施行する．

4・3
ゼニタナゴの復元

高橋清孝・進東健太郎・藤本泰文

　神奈川県から新潟県にかけて数百万年前に形成された日本最大の断層地帯であるフォッサマグナは日本の淡水魚の分布を大きく二分したと言われている．ゼニタナゴはシナイモツゴと同様この断層地帯より東側の東北・関東地方および新潟・長野県の代表的な純淡水魚である．タナゴ類でもっとも小さくてきめ細かな鱗で体を包み，産卵期の雄は胸元を鮮やかなピンクに染める．秋に産卵し，ふ化した仔魚がドブガイなど二枚貝に寄生することで底泥中に潜み，東北の厳しい冬を乗り切ってきた．華麗な風貌や特異な生態から東日本を代表するタナゴとして注目され，宮城県の伊豆沼や蕪栗沼では消滅後も復元すべきシンボルとして位置づけられている．

　かつて，関東・東北地方の湖沼河川に普通に生息していたが，開発による生息環境の消滅や競合種であるタイリクバラタナゴの侵入により各地で姿を消した．残された数少ない生息地でもブラックバスの食害により危機的な状態にさらされている．1990年代前半まで国内最大の生息地であった宮城県伊豆沼では，ブラックバスが大量に繁殖した1996年以降激減し，2000年以降，研究者はもちろん毎日出漁する漁業者すら1尾も採集していない．宮城県蕪栗沼でもゼニタナゴはブラックバス侵入後の2000年以降姿を消してしまった．現在，国内で生息が確認されているのは秋田県，岩手県，宮城県，福島県のみで，この中で我々が認識している生息地は10カ所程度ときわめて少数であり，絶滅危惧種の中でもとりわけ危機的な状況にある．

　残り少ない生息地を維持するためには，それぞれが抱えている環境問題を解決すると同時にブラックバス対策を進め，さらに，不測の事態に備え移殖による生息地の拡大を図る必要がある．このようにすれば，本来の生息地である伊豆沼や蕪栗沼などでブラックバス駆除が成功しゼニタナゴが繁殖できる環境が整った段階で，移殖先から再移殖することにより，以前の姿を復元できると考えられる．

1．宮城県のゼニタナゴ生息状況

　1993年に旧品井沼周辺ため池で実施したシナイモツゴ生息調査で，幸運なことに1カ所のため池でゼニタナゴの生息が確認された．このため池の近隣に住む長老によると明治時代から大正時代にかけて，夏の間に品井沼で漁獲した魚をため池に放流し秋から冬にかけて池干しをして捕獲し，冬季の食糧にしていたという．1930年代に実施された東北地方の魚類生息調査では宮城県の多くの湖沼で生息が確認されている[1]．その後1960年代まで，旧品井沼周辺では降雨で増水した際に小河川の岸辺でサデ網などにより多量の小魚を漁獲しており，明治・大正時代に漁獲後放流された魚の中には間違いなくゼニタナゴが含まれていたと考えられる．このため池は排水路が急傾斜であることや幹線道路から離れているなど隔離された状態にあり，数十年にわたってゼニタナゴの生息を可能にしてきたと考えられる．

このため池は上段の0.5haの小規模ため池と下段の3.5haの中規模ため池から構成されている．2003年の調査で上段ため池ではドブガイが多数確認されたが，下段ため池では貝殻はみられるものの生きた貝は採集されず，ドブガイは最近になって全滅したようである．下段ため池には全長70cm以上の巨大なコイやアメリカザリガニが多数生息しており，ドブガイの稚貝が捕食された可能性がある．このため池ではゼニタナゴにとってドブガイが唯一の産卵基質であることから，再生産は上段ため池のみで繰り返されていると考えざるをえない．さらに上段ため池では数十年にわたって池干しが行なわれていないので泥が堆積しており，ここでもドブガイの生息が不安定になりつつあった．したがって，このため池は生息数が多いもののゼニタナゴの生息にとって危険な状態に陥っていると判断された．

2．ゼニタナゴの移殖

2004年3月上旬，上段ため池からゼニタナゴ仔魚が寄生するドブガイ25個を採集し，近隣のため池へ放流した．あらかじめ，放流先のため池の調査を行ない，ブラックバスやタイリクバラタナゴが生息せず，ジュズカケハゼが多数生息し，ドブガイが繁殖しているため池を選んで放流先とした．ゼニタナゴとドブガイの生活史からわかるように，ゼニタナゴの繁殖にはドブガイなど二枚貝が必要であり，ドブガイの繁殖にはジュズカケハゼなどハゼ科魚類が必要である．

移殖の際，もっとも留意する点は，二枚貝に産み付けられたゼニタナゴの仔魚が貝から吐き出されるのを防ぐことである．二枚貝は外部からの刺激を受けると，強く水を吐き出すことがある．これはアサリをつついたときに，水管から潮を吹くのと同じ行動である．二枚貝が強く水を吐き出した場合，ゼニタナゴの卵は水管の奥に生み付けられているため，水と一緒に貝から吐き出されてしまうことがある．仔魚の入った二枚貝を移殖する際は，仔魚が貝から吐き出されるのを防ぐため，適切な移殖時期と方法を選択する必要がある．

二枚貝の中にある仔魚を移殖する適期は，冬期から早春（12月〜3月）にかけてである．産卵期である秋は移殖時期としては適さない．これは，産卵直後のゼニタナゴの卵は二枚貝内部の水管近くに産み付けられており，二枚貝から吐き出されやすい状態にあるためである．また，水温が上昇する春から初夏（4月〜5月）の時期は，二枚貝の中で仔魚の成長が進行しているため，この時期に移殖した場合，移殖前後での水温変化や水質変化が成長に悪影響をおよぼす可能性がある．冬季から早春にかけての仔魚は，出水管の奥にある鰓葉の中で越冬（休眠状態）しており，二枚貝から比較的吐き出されにくいため，移殖に適した状態にある．また，変温動物である二枚貝は冬季には行動が鈍くなるため，この時期の移殖は仔魚が貝から吐き出される可能性を低下させるのに有効だと思われる．

移殖の際は，仔魚の入った二枚貝を丁寧に扱うことが必要である．採集した二枚貝は，砂や泥を敷いた発泡スチロールなどの容器に入れて輸送する．容器に入れる際，二枚貝は蝶番と水管を上側に向

図4・13　移殖先のため池

けて砂に差し入れる．二枚貝を入れた容器には水を入れずに蓋をし，移殖先まで輸送する．このような方法をとるのは，貝を横向きに置き，容器に水を入れて輸送や飼育をした場合，仔魚が貝から吐き出されるケースがしばしばみられたからである．移殖先に貝を放流する際にも同様に，貝をため池の水底に蝶番と水管を上側に向けて差す形で放流している．

2004年10月に移殖先のため池で，ドブガイへの産卵状況調査を実施したところ，30個のドブガイを調査し3個にゼニタナゴの産卵が認められ，放流先で繁殖の開始を確認した．

3．ゼニタナゴ救出作戦

翌年の2005年秋，2度目の繁殖期を迎えた移殖ため池では，想定外の事態がもち上がった．宮城県北部地震など相次いで発生した地震により堤防の地盤がゆるみ水漏れが懸念されるようになったため，補修工事が急遽行なわれることになったのである．完全に池を干すという計画で11月初めから排水作業が始まった．連絡を受けて，直ちに排水路に網を設置して流下する魚類を採集したところ，予想通り見事に成長したゼニタナゴが3尾出現した．ゼニタナゴを初めて見る人も多く，特にこのため池を利用する水田耕作者の注目を集めた．

シナイモツゴ郷の会（以下「郷の会」という）はため池に定置網を設置し，ゼニタナゴの捕獲を開始した．4回の取り上げで約200尾のゼニタナゴを捕獲し，隣接するため池の生簀へ移した．捕獲したゼニタナゴは全長7～11cm，ほとんどが1歳魚で移殖したゼニタナゴから生まれた2世である．参加した会員は婚姻色鮮やかなゼニタナゴの華麗な姿に見入り，入網する数の多さに驚かされながら，まさに移殖の効果を目のあたりにすることができた．一方，干出した岸辺からドブガイを拾い上げ，移動させる作業も同時並行で進められた．

池干し最終日の最下段の排水口からの排水作業では，流出するゼニタナゴの救出が根気強く続けられ830尾のゼニタナゴを救出した．ゼニタナゴは予想以上に多く出現し，作業半ばでさらに捕獲尾数の10倍以上が生息していると推定された．同時にブラックバスの侵入がないことを確認し，さらにドブガイの天敵である巨大なコイ（60～80cm）13尾をすべて捕獲することができた．この段階で，

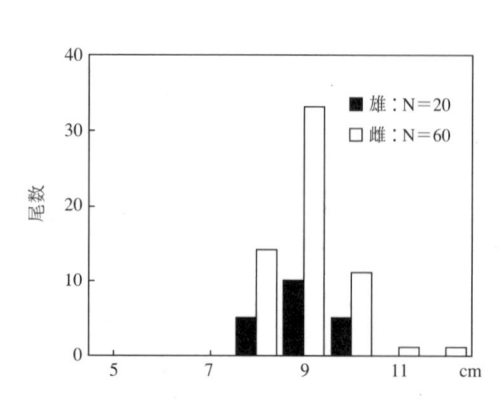

図4・14　移殖池のゼニタナゴ全長分布

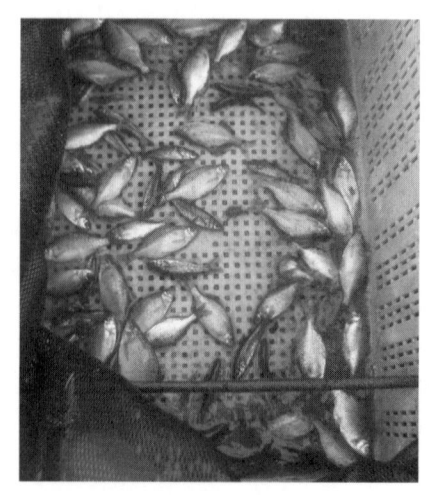

図4・15　救出したゼニタナゴ

ため池の管理者と協議して，最大水深が30cmに減水した段階で，排水作業を終了した．

翌2006年3月にはゼニタナゴ研究会の協力を得て池に戻されたドブガイを調べ，ゼニタナゴ仔魚の発生状況を調べた．この結果，16個のドブガイ中に5個で仔魚の寄生を観察し，移殖ゼニタナゴ3世の誕生を確認することができた（図4・15）．

4. ため池の積極的利用

ゼニタナゴは淡水魚の中でもっとも減少傾向が著しい魚の1つであり，特に残念なのは，環境保全が社会問題として取り上げられた1990年代以後も貴重な生息地が続々と消滅していることである．現在，かろうじて残っている全国10カ所前後はほとんどが狭小な生息地であり，いずれもさまざまな課題を抱え，全体的にきわめて危機的な状況にある．

このような中で，郷の会はため池の多機能性，特に希少種の保存機能に着目し，この積極的利用を検討してきた．一般的にため池の目的としては，農業用水と防火用水の確保，鉄砲水や土砂災害の防止および親水機能があげられる．また，ため池には通常多くの動物が生息することから，里山の生態系において重要な役割を果たしていることが知られている．

一方，旧品井沼周辺の丘陵地帯で確認されたように，ため池はシナイモツゴ，ゼニタナゴなど絶滅危惧種の生息の場としてきわめて重要である[2]．このため池の排水が注ぐ川には競争種のモツゴやタイリクバラタナゴそして多数のブラックバスが生息している．ここでは，幹線道路から遠く離れて排水路が急傾斜であることが，外来種や移殖種の侵入を阻んでいると考えられる[3]．さらに，池への流入水があって水質が良好なため池ではドブガイの生息が可能であり，これを産卵基質とするタナゴ類の繁殖も可能である．

現在，これらの条件を備えながらもブラックバスの侵入により淡水魚が全滅したため池が数多く存在する．ブラックバスが占領したため池は小魚やエビ類がまったく生息しない不気味な池である．しかし，ここには在来種を駆逐するタイリクバラタナゴやモツゴなどの移殖種も生息しないので，ブラックバスを完全駆除することにより在来種にとって理想的な生息環境を取り戻すことができる．

郷の会は完全駆除したため池へ在来魚を放流することで自然再生を目指している．シナイモツゴに関しては繁殖池における採卵方法とその後の飼育方法が確立され大量の稚魚が得られるようになった．また，ゼニタナゴに関しては仔魚が寄生するドブガイの放流により移殖可能であることを確かめた．さらに，メダカは繁殖力が強いので親魚を放流することにより比較的容易に増やすことが可能である．これらの移殖方法はそれぞれノウハウがあるものの簡単にできる技術によって組み立てられている．したがって，市民団体がこの方法やモデルを導入することにより，ブラックバス駆除と在来魚放流による自然再生がある程度可能になった．

絶滅危惧種の保護を目的としたため池活用法は方法自体が簡易であると同時に，餌を与える必要がないので，大変，経済的である．水質も安定しているので，1年に数回，調査や監視を行なう程度であり，多くの人手を必要としないことも大きな利点である．したがって，人工培養した餌を与える水槽内の人工繁殖にくらべると数十分の一の経費と人手で目的を達成することができる．

5. 放流と管理上の留意点

ここで，十分に注意すべき点がある．同一種であっても水域によって遺伝子組成が異なるので，遺伝子かく乱を防ぐためには他地域への放流を控えなければならない．この場合，同一水域をそれぞれの河川ごとに限定すべきという考え方もあるが，平野部ではもっと広範囲に設定することが可能と考えられる．例えば仙台平野は氾濫平野と呼ばれ，開拓以前，大小の沼が多数存在し降雨による河川の氾濫でこれらは常に一体化したので，仙台平野を同一水域として見なすことに何ら問題ないと考えられる．

仙台平野以外の地域では郷の会が開発した方法をそのまま導入するのではなく，1つのモデルとして受け止め，それぞれの地域における在来種の復元方法を検討する必要がある．また，放流数が少ないと近親交配により遺伝的障害が発生する恐れがあるので，可能な限り多めに，できれば100尾以上放流した方がよい．

また，ため池の管理者との意思疎通が大切であり，常に連絡を取りあうことにより，池干しの情報などを早めに入手することができる．できれば，ゼニタナゴなど絶滅危惧種が生息する池は，素晴らしい環境に恵まれている証拠にもなり，この水で栽培した米を減農薬農法などと組み合わせることにより安全安心の評価が高まることを説明すると，多くの場合，理解が得られやすくなる．さらに，このため池の水で栽培した米をゼニタナゴ米など付加価値米としてブランド化する試みを支援することにより，農業者と一体になって保護活動を展開できると思われる．このような試みが各地で成功すれば，在来魚の保護が生産活動においても有益であることが周知され，自然再生の重要性について誰もが理解できるようになるであろう．

引用文献

1) Okada Y, Ikeda H., 1938 : Notes on the fresh water fishes of the Tohoku district in the collection of Saito Hozon Kai Museum. Saito Hoon Kai, *Mus.Res.Bull.*, **15**, 85-139.
2) 細谷和海，2001：日本産淡水魚の保護と外来魚，水環境学会誌，**24**, 273-278.
3) 高橋清孝・門馬喜彦，1995：シナイモツゴの再発見と人工繁殖，宮城内水試研報，**2**, 1-9.

4・4
よみがえれ水辺の自然

細谷　和海

　わが国の水辺の自然は，日本列島が形成されて以来最大の危機を迎えている．確かに私たちを取り巻く自然環境をよく見てみると，子供のころとくらべてずいぶんと様変わりしている．治水・洪水対策を目的とした改修，コンクリート護岸化，河口堰や砂防ダムの構築により，水辺の自然は著しく損なわれ，河川は魅力のない無機的な構造に変貌している．また，圃場整備や農業用水路の改修の結果，水田周辺から多くの淡水魚がいなくなってしまっている．わがもの顔で泳ぐブラックバスとブルーギルは，何とか生き残った在来淡水魚に追い討ちをかけ，閉鎖的な止水域では致命的な影響をもたらしている．日本人であれば，在来淡水魚がこのまま絶滅していくのを誰も望んではいないだろう．日本の水辺の自然を守るためには，その価値を十分に認識しておくことが不可欠である．健全な水辺には多くの淡水魚が生息する．いいかえれば淡水魚の生息状況がその水辺の環境状況を表している．淡水魚の現状を客観的に把握し，減少要因を特定すれば保護目標が明確となり，適切な対応策が生まれてくる．ここでは，淡水魚を例に水辺の自然について論じたい．

1．淡水魚はどのくらい減ったのか

　日本列島に分布する淡水魚は，亜種を含めて318種が知られている[1]．これには国外からの外来種が約40種含まれるので（表1・1　P4），実質的な日本の在来種数は約280種となる．

　日本の淡水魚は戦後，急激に減少していった．戦後，日本の希少淡水魚が国の天然記念物に指定されることは長年の懸案であったが，旧文化庁はようやく1974年にミヤコタナゴとイタセンパラを，次いで1977年にアユモドキとネコギギを，それぞれ種指定の天然記念物に指定した．一方，旧環境庁は1991年にレッドデータブックを刊行し，希少な汽水・淡水魚を初めて掲載した．初版は客観性を欠くものであったため，1999年に，IUCN（国際自然保護連合）が打ち出した定量要件に準拠して，カテゴリー基準を改めた[2]．改訂カテゴリーでは"絶滅"，"野生絶滅"，"絶滅危惧"，"準絶滅危惧"，"情報不足"，"地域個体群"の6つのランクが示されている．飼育個体しか存在しない種とされる"野生絶滅"は日本の汽水・淡水魚類に例がないので，実際にはこれを除く5つのランクに整理される．また，"絶滅危惧"は絶滅の危機に瀕する"絶滅危惧Ⅰ類"と絶滅の危惧が増大している"絶滅危惧Ⅱ類"に分けられ，さらに"絶滅危惧Ⅰ類"はイタセンパラやアユモドキなど近い将来に野生絶滅の危険性がきわめて高いA類と，それに次ぐB類に細分されている．公表された汽水・淡水魚類の改定レッドリストには，絶滅したクニマス，スワモロコ，ミナミトミヨを含め，76種・亜種が載っている（表4・1）．日本の淡水魚の多くは程度の差こそあれ絶滅の危機にさらされているのが現状で，掲載数はわが国の在来淡水魚類の総種類数の約4分の1にも及ぶ．現在，2007年3月をめどに3次目の改定が行われているが，琉球列島の淡水魚が多数掲載される予定である．残念なことに，多くのものがラン

表4・1　日本の絶滅のおそれのある汽水・淡水魚類レッドリスト（1999.2　旧環境庁公表）

和名	学名	和名	学名
絶滅（EX）我が国ではすでに絶滅したと考えられる種		トサカハゼ	Cristatogobius sp.1
クニマス	Oncorhynchus nerka kawamurae	エソハゼ	Schismatogobius roxasi
スワモロコ	Gnathopogon elongatus suwae	シマエソハゼ	Schismatogobius ampluvinculus
ミナミトミヨ	Pungitius kaibarae	キバラヨシノボリ	Rhinogobius sp.YB
		アオバラヨシノボリ	Rhinogobius sp.BB
絶滅危惧ⅠA類（CR）ごく近い将来における絶滅の危険性が極めて高い種		オガサワラヨシノボリ	Rhinogobius sp.BI
リュウキュウアユ	Plecoglossus altivelis ryukyuensis	エドハゼ	Chaenogobius macrognathos
アリアケシラウオ	Salanx ariakensis	クボハゼ	Chaenogobius scrobiculatus
アリアケヒメシラウオ	Neosalanx reganius	チクゼンハゼ	Chaenogobius uchidai
ヒナモロコ	Aphyocypris chinensis	ルリボウズハゼ	Sicyopterus macrostetholepis
ウシモツゴ	Pseudorasbora pumila subsp.	タビラクチ	Apocryptodon punctatus
ミヤコタナゴ	Tanakia tanago		
イタセンパラ	Acheilognathus longipinnis	**絶滅危惧Ⅱ類（VU）絶滅の危険が増大している種**	
ニッポンバラタナゴ	Rhodeus ocellatus kurumeus	スナヤツメ	Lethenteron reissneri
スイゲンゼニタナゴ	Rhodeus atremius suigensis	エツ	Coilia nasus
アユモドキ	Leptobotia curta	セボシタビラ	Acheilognathus tabira subsp.2
ムサシトミヨ	Pungitius sp.1	カゼトゲタナゴ	Rhodeus atremius atremius
イバラトミヨ雄物型	Pungitius sp.2	スジシマドジョウ大型種	Cobitis sp.1
タイワンキンギョ	Macropodus opercularis	エゾホトケドジョウ	Lefua nikkonis
ウラウチフエダイ	Lutjanus goldiei	ギバチ	Pseudobagrus tokiensis
コマチハゼ	Parioglossus taeniatus	アカザ	Liobagrus reini
マイコハゼ	Parioglossus lineatus	メダカ	Oryzias latipes
ミスジハゼ	Callogobius sp.	ナガレフウライボラ	Crenimugil heterocheilos
クロトサカハゼ	Cristatogobius nonatoae	ヤエヤマノコギリハゼ	Butis amboinensis
ヒメトサカハゼ	Cristatogobius sp.2	ジャノメハゼ	Bostrychus sinensis
タスキヒナハゼ	Redigobius balteatus	キララハゼ	Acentrogobius viridipunctatus
コンジキハゼ	Glossogobius aureus	シンジコハゼ	Chaenogobius sp.3
アゴヒゲハゼ	Glossogobius bicirrhosus	ミナミアシシロハゼ	Acanthogobius insularis
キセルハゼ	Chaenogobius cylindricus	ムツゴロウ	Boleophthalmus pectinirostris
ウクツミミズハゼ	Luciogobius albus	ヤマノカミ	Trachidermis fasciatus
カエルハゼ	Sicyopus leprurus	ウツセミカジカ	Cottus reinii
アカボウズハゼ	Sicyopus zosterophorum		
ヨロイボウズハゼ	Lentipes armatus	**準絶滅危惧（NT）現時点では絶滅危険度は小さいが、生息条件の変化によっては「絶滅危惧」に移行する可能性のある種**	
ハヤセボウズハゼ	Stiphodon stevensoni	シベリアヤツメ	Lethenteron kessleri
トカゲハゼ	Scartelaos histophorus	ミヤベイワナ	Salvelinus malma miyabei
		オショロコマ	Salvelinus malma krascheninnikovi
絶滅危惧ⅠB類（EN）ⅠAほどではないが、近い将来における絶滅の危険性が高い		ビワマス	Oncorhynchus masou subsp.
イトウ	Hucho perryi	ヤチウグイ	Phoxinus pernurus sachalinensis
ウケクチウグイ	Tribolodon sp.	タナゴ	Acheilognathus melanogaster
カワバタモロコ	Hemigrammocypris rasborella	アリアケギバチ	Pseudobagrus aurantiacus
アブラヒガイ	Sarcocheilichthys biwaensis	エゾトミヨ	Pungitius tymensis
シナイモツゴ	Pseudorasbora pumila pumila	オヤニラミ	Coreoperca kawamebari
イチモンジタナゴ	Acheilognathus cyanostigma	アカメ	Lates japonicus
ゼニタナゴ	Acheilognathus typus	イサザ	Chaenogobius isaza
スジシマドジョウ小型種	Cobitis sp.2	シロウオ	Leucopsarion petersii
イシドジョウ	Cobitis takatsuensis		
ホトケドジョウ	Lefua echigonia	**情報不足（DD）評価するだけの情報が不足している種**	
ナガレホトケドジョウ	Lefua sp.	ミツバヤツメ	Entosphenus tridentatus
ネコギギ	Pseudobagrus ichikawai	イシカリワカサギ	Hypomesus olidus
ニセシマイサキ	Mesopristes argenteus	ヤマナカハヤ	Phoxinus lagowskii yamamotis
ヨコシマイサキ	Mesopristes cancellatus	イドミミズハゼ	Luciogobius pallidus
シミズシマイサキ	Mesopristes sp.	ネムリミミズハゼ	Luciogobius dormitoris
ツバサハゼ	Rhyacichthys aspro		
タメトモハゼ	Ophieleotris sp.		
タナゴモドキ	Hypseleotris cyprinoides		

表4·1 つづき（地域個体群（LP）地域的に孤立しており、地域レベルでの絶滅のおそれが高い個体群）

和名	学名
西中国地方のイワナ（ゴギ）	*Salvelinus leucomaenis imbrius*
紀伊半島のイワナ（キリクチ）	*Salvelinus leucomaenis japonicus*
無斑型が混在する関東地方のヤマメ個体群	*Oncorhynchus masou masou*
無斑型（イワメ）が混在する西日本のアマゴ個体群	*Oncorhynchus masou ishikawae*
山陰地方のアカヒレタビラ	*Acheilognathus tabira* subsp.1
大阪府のアジメドジョウ	*Niwaella delicata*
福島以南の陸封イトヨ類（ハリヨを含む）	*Gasterosteus aculeatus complex*
沖縄島のタウナギ	*Monopterus albus*
関東地方のジュズカケハゼ	*Chaenogobius laevis*
琉球列島のミミズハゼ	*Luciogobius guttatus*
沖縄島のマサゴハゼ	*Pseudogobius masago*
東京湾奥部のトビハゼ	*Periophthalmus modestus*
沖縄島のトビハゼ	*Periophthalmus modestus*
東北地方のハナカジカ	*Cottus nozawae*

クアップしている．希少淡水魚を取り巻く厳しい環境は，一向に改善される見通しがついていない．

2．淡水魚はなぜ減ったのか

　日本の淡水魚はなぜ減ったのであろうか．原因にはさまざまなものが考えられ，個々の原因が互いに関連しあって影響を与えている場合もある（図4·16）．戦後，河川・湖沼の自然破壊は継続的に進んできたが，その程度は高度成長期に加速され，現在でも衰えは見せない．旧環境省は2002年に新生物多様性国家戦略を打ち出した[3]．その中で，日本の野生生物に大きな影響を及ぼしている主な要因を3つの危機にまとめている．

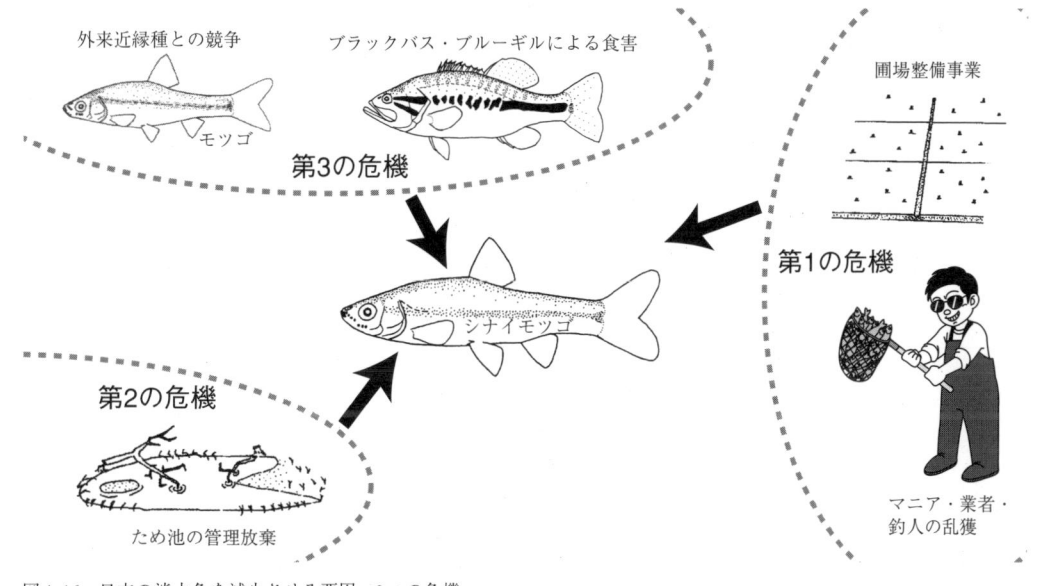

図4·16　日本の淡水魚を減少させる要因，3つの危機

1）第1の危機

　"人間の活動や開発が，種の減少・絶滅，生態系の破壊・分断を引き起こしていること"である．

開発がもたらす物理的要因として，宅地開発による生息地そのものの消滅がある．河川内に敷設された横断工作物の影響も大きい．その代表であるダムや堰は，川と海を往復する回遊魚の遡上を妨げる．西南日本の河川では，仔稚魚期を内湾で過ごす両側回遊型のヨシノボリ類や小卵型のカジカがつぎつぎと姿を消している．それに代わって，一生を川の上・中流域で過ごすカワヨシノボリや大卵型のカジカが目立ってきた[4]．砂防堰堤程度のものであっても，純淡水魚の移動に少なからず影響を及ぼす．たとえ横断工作物に魚道が敷設されていたとしてもそれが機能していなければ，下流へ移動した個体はもはや上流には回帰できなくなる．そのため，上流域ではやがて遺伝的多様性を減じ，近交弱勢が顕在化するだろう．さらに，河道の直線化は瀬と淵の区別を曖昧にし，ネコギギ，アカザ，イシドジョウ，オヤニラミなどの生息場所を消失させてしまった．

一方，稲作の効率化を目的とした圃場整備事業は，農業用水のコンクリート3面張りと，水田と用水に魚たちには越えられない段差をもたらした．その代償として，メダカやドジョウ類など水田ネットワークを利用する淡水魚の生活環を分断した．水田から淡水魚がいなくなったことは，彼らを餌とするトキ，サギ，ツルなどの水鳥にも悪影響を与えたにちがいない．また，湧水の枯渇は，ムサシトミヨやハリヨなど本州に生息する陸封型のトゲウオ科魚類の激減を招いている．

人間活動がもたらす化学的要因として，工業廃水と下水の流入による水質の悪化や富栄養化などの直接的な影響，および酸性雨などの間接的な影響がある．

観賞魚目的の密漁や釣りも第1の危機に含まれる．その背景に希少淡水魚飼育や渓流釣りの静かなブームがある．野外採集では，タナゴ類など水槽で飼いやすい小型のコイ科魚類が好まれる．加熱のあまり，小学校で系統保存されていたシナイモツゴやウシモツゴが何者かによって盗まれる事件も発生している．渓流釣りでは，姿の清楚さと味わいからサケ科魚類が好まれる．過剰な釣人気でイトウやキリクチ（ヤマトイワナの南限個体群）は急減したともいわれている．

2）第2の危機

"自然に対する人間の働きかけが減っていくことによる影響"である．人が自然に働きかけて野生生物が減っていく第1の危機と対照をなす．長年，適度に人手が入ることで生物多様性とバランスをとってきた里山里地は，人間が干渉をやめると一挙に荒廃してしまう．伝統的稲作を行っている水田地帯は2次自然の典型で，希少淡水魚が多く見られる場所でもある．ため池や素掘りの農業水路は，定期的に水を抜いて泥をさらわなければ水質が悪化して，淡水魚の生息に適さなくなる．そればかりか，長い間放っておくと遷移が進んでどんどん浅くなり，やがて湿地になってしまう．こうなれば淡水魚はもはや住めなくなる．

3）第3の危機

"化学物質や外来種による影響"である．化学物質と外来種が一緒にまとめられている理由は，異物の環境放出，すなわち本来なかった要素が在来生態系の中に無条件に取り込まれ，影響を与える点で共通するからである．農地，ゴルフ場，スキー場で散布される農薬は，やがて漏れだして周辺水域の魚類相に大きな影響を与えるだろう．ミナミトミヨは有機塩素系農薬や有機リン系殺虫剤の使用量がピークに達した1960年代に絶滅している．近年では環境ホルモンの影響も気になるところである．オスとメスの性比がバランスを失えば，淡水魚の繁殖は望めない．

第3の危機を特徴づける生物的要因は外来魚の移植放流である．すでに述べたように，ブラックバ

スとブルーギルによる在来の淡水魚に与える食害の影響は甚大である（1・1参照）．また，タイリクバラタナゴとニッポンバラタナゴ，モツゴとシナイモツゴで見られるように（4・1参照），外来近縁種の移植は在来種との交雑をもたらし，最終的には外来種に置換されることが多い．そればかりか，外来魚についてきた未知の病原菌や寄生虫が，オイカワなど耐性のない在来淡水魚に影響を与え始めている[5,6]．外来種がいったん繁殖しまうと，それを取り除くことはきわめて困難である．そのため，外来魚の移植放流は日本の淡水魚にとって最大の脅威ともいえる[7]．

このように，日本の淡水魚を絶滅や減少させた原因はさまざまで魚種ごとに異なる．しかし，私たちは，彼らを絶滅の縁に追いやったすべての原因が人為的活動によることを忘れてはならない．

3. 淡水魚の価値

日本の在来の淡水魚は私たち現代日本人にとって重要で，どの種も等しく保護されるべきである．その前提として，最初に守るべき対象の価値を認識することが不可欠である．なぜなら，それぞれの保護の担い手の間で意識や見解の相違があると，おのずと保護目標にずれが生じるからである．日本の淡水魚は熱帯魚にくらべれば地味な色合いのものが多く，あまり見栄えがしない．しかし，彼らが潜在的に持つ価値は未知数であり，それを過小評価してはならない．日本の在来淡水魚が持つ価値はいくつもある（図4・17）．

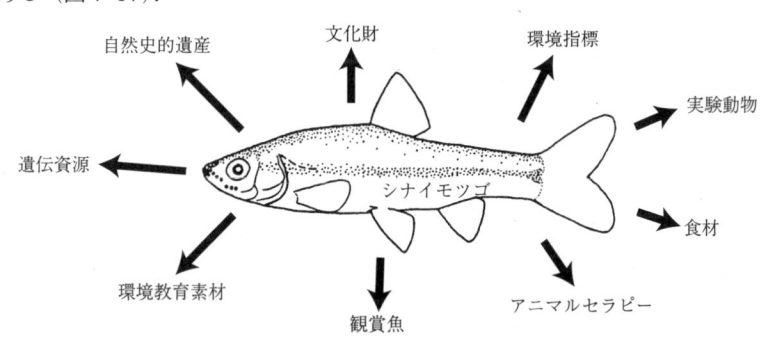

図4・17　日本の淡水魚が持つさまざまな価値

1）自然史的遺産

日本の淡水魚は，日本列島の地史の変遷とともに進化してきた．日本の淡水魚の宝庫である琵琶湖の歴史は500万年もあり，そこの固有種であるビワコオオナマズやゲンゴロウブナは200〜350万年前に出現したと推定されている．大陸の淡水魚の末裔といわれるワタカについては，長崎県壱岐島において，今から1000万年以上前の中新世の地層から近縁種の化石が発見されている（図4・18）[8]．このように日本の淡水魚にはそれぞれの歴史があり，古いものは何千万年，何

図4・18　進化の生き証人ワタカ
上：現生種(琵琶湖産)，下：ワタカに近縁な化石種(長崎県壱岐島長者春産)[8]

百万年という単位で進化的時間を背負っている．彼らは，日本列島の変遷を刻み込んだまさに進化の生き証人といえる．

2) 文化財

淡水魚の中には，歴史的にことさらに親しまれてきた種類がある．茶木滋さんが作詞した「めだかの学校」は水田の中を流れる小川を連想させ，日本人の誰もが郷愁を誘われる．五月の空を元気よく泳ぐ鯉のぼりへの想いには，家族の絆を確かめるとともに男の子への期待がこめられている（図4·19）．土用のうしの日にウナギの蒲焼を食べる習慣は江戸時代に始まると言われる．サケはアイヌ民族が尊ぶ神聖な魚である．宴会を盛り上げる安来節は，ドジョウが古くから農山村で親しまれ，食材となっていたことをうかがわせる．ナマズも伝統的な生活と強く結びついており，民話にもしばしば出てくる．淡水魚と日本人とのつながりは，川や湖に依存した生活の繰り返しの中から強められてきたものに違いない．このような魚種はどれも広義の文化財と見なせる．

図4·19 日本の淡水魚の文化財としての価値 鯉のぼり

3) 環境指標

淡水魚のうち，特に希少種は環境の変化に弱い種が多い．このような種は人為的な影響を直接的に受けやすい．裏を返せば，希少淡水魚が多く残るということは，それだけ自然度の高い環境条件が維持されている証拠となる．本州においてハリヨやスナヤツメは湧水の，メダカとホトケドジョウは水田の良好な環境指標種といえる（図4·20）．これらの魚種が保護されれば一緒に住む多くの生物も同時に保護されることになる．

図4·20 水田のシンボルフィッシュ 左：メダカ（温水性），右：ホトケドジョウ（冷水性）

4) 遺伝資源

河川・湖沼は魚類の生息環境として海洋よりはるかに厳しく多様である．そのような環境に適応している淡水魚には生理，生態，形態が非常に特殊化している魚種が多い．このことは同時に，彼らが特異な遺伝的性質を持っていることを示唆する．たとえば雌性発生3倍体として知られるギンブナは自然に生じるクローンである．遺伝的条件がそろっているので，実験動物や医学用動物としてきわめ

て有用な可能性を秘めている．ギンブナにはもともとメスしかいない．彼女らは3倍体であるために減数分裂ではなく体細胞分裂で卵を作る．体細胞分裂では1個の母細胞がそっくりそのままコピーされて2個の娘細胞になる．そのため，新たにできるギンブナ卵の遺伝情報は母親の体の細胞とまったく変わらない．未受精卵では発生できないので，野外ではキンブナなど近縁種のオスをたぶらかせて繁殖に誘う．しかし，他魚種の精子は卵を刺激するだけで，精核は卵核と融合することはなく，オス親の遺伝情報はまったく子供には伝わらない．受精後，卵核だけの遺伝情報に基づいて発生が進む．だから，生まれてくる娘個体はすべて母親と同じ遺伝子構成を持つことになる．まさに水中のアマゾネス集団といえる（図4・21）．

図4・21　身近なフナ類　右：ギンブナのメス（3倍体），左：キンブナのオス（2倍体）

5) 環境教育素材

一般に，淡水魚は海水魚にくらべて飼いやすく，繁殖も可能である．タナゴ類と二枚貝との関係は共生について学ぶ機会を提供する．そればかりか，タナゴ類のオスは美しくメスは可憐，水槽を毎日見ることで，癒し効果が高まるだろう．

このように，私たちは，野生の在来淡水魚がたとえ食料の対象とならなくとも，日本人共通の財産ともいうべき重要な特性を内在することを認識すべきである．

4．ブラックバス駆除後の淡水魚再生に向けて

ブラックバスを駆除したら，すぐに絶滅危惧種の淡水魚を放流したらよいという訳ではない．生態学的見地にたち，計画的に放流・保護・育成する必要がある．例えば，対象水域の水生植物やプランクトンを食べる魚Aを放流・育成し，その後Aを補食するBを放流し，AとBが共生できる状態になってからBを補食するCを放流するという具合である．短絡的にCを増やしたいという理由でCを放流しても健全な生態系の再生にはつながらない．また，この時の魚種の選択には，生態的特性，水質など数々の条件が考慮されるべきで，専門家の指示を必要とし，日本魚類学会が示している放流ガイドラインに従うことが強く望まれる．

1) どの淡水魚を守るべきか

日本の淡水魚はどの種も積極的に保護すべき段階に来ている．しかし，希少淡水魚であれば何でも保護の対象になるわけではない．生物多様性保護の目標は生態系の構造と機能の維持にあり，構成要素である遺伝子や種の保存が具体的な作業となる．そこでは，多様性を生み出した進化的背景は重視される[9]．すなわち，生物多様性保護の目標はあくまで構成要素の進化的価値と固有性にあり，現在

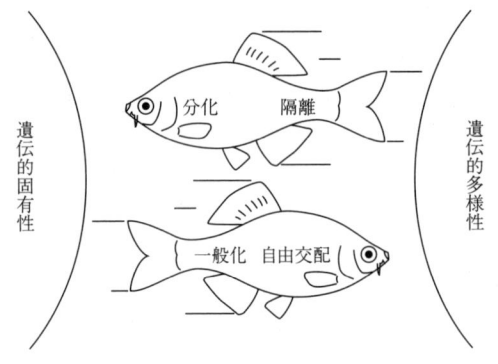

図4・22 淡水魚にみられる遺伝物固有性と遺伝的多様性の相反関係

の生息環境に長い年月をかけて適応してきた在来種のみを対象とすべきである．したがって，模式産地のシナイモツゴのように絶滅寸前の淡水魚の危険分散を目的に移殖を行う場合を除き，すでにわが国の淡水域で繁殖している希少外来魚，たとえばチョウセンブナのような魚種は当然保護対象とはなり得ない．

2） 保護目標の設定

希少種の個体群を適切に保護管理するためには，希少種を集団遺伝学的に精査することが不可欠である．このことは同種の異なる集団の識別を可能にしたり，保護対象となる集団の健康度，遺伝的多様性を計るうえで重要である．一般に，淡水魚は，地理的隔離によって独自の分化を遂げようとする遺伝的固有性と，異なる集団間でときどき交雑して変異性を回復しようとする遺伝的多様性という，いわば相反する特徴を合わせ持つ[10]（図4・22）．

淡水魚は地理的に隔離されやすく，同種であっても集団の遺伝的構成は水系ごとに異なるのが一般的である．とりわけ，一生を閉ざされた淡水域内で過ごす純淡水魚の地理的分布は，水系の地史を忠実に反映するとも言われている．自然環境の健康指標である生物多様性（biodiversity）とは生態系多様性，種多様性，および遺伝的多様性に3分され，それぞれ，遺伝子から生態系まで有機的につながっていると考えられている[9, 11]．したがって，生物多様性保護の本質にかなう理想的な保護活動をすすめるためには，種レベルにとどまらず遺伝的固有性をも見すえた保護目標の設定が強く望まれる．

3） 種苗放流について

わが国には淡水魚が減少するとすぐに移殖に走る土壌がある．その背景に，サケの資源回復で成功をおさめた水産立国としての誇りと実績がある．人工繁殖技術は著しく高められ，"種苗放流"は今やわが国のお家芸となっている．大きな河川や湖沼では，イワナ，ヤマメ，アマゴ，アユ，カジカなどを対象に第5種漁業権が設定されている．漁業協同組合には漁業権魚種を増殖する義務があり，その見返りに釣師から遊漁料を徴収することができる．増殖のもっとも安易で一般的な方法は種苗放流で，種苗が地づきの個体群から生産されることは少ない．多くは仕立て業者から購入した他地域産の種苗が放流されている．種苗放流に大きく依存するわが国の内水面漁業の体質は，生物多様性を基盤にしようとする水産庁の姿勢と明らかに矛盾している．第5種漁業権は明らかに限界にきているのである．

種苗放流の延長には，都市河川にサケ稚魚を放流するカムバックサーモン運動，分水嶺を越えたイワナ発眼卵の埋設移殖，環境教育の一環と称してヒメダカを児童に放流させる行事，陰暦8月15日に神社・仏閣で金魚や錦鯉を池沼に逃がす放生会（ほうじょうえ）などがある（図4・23）．残念ながらこれらの活動は，ほほえましいニュースとして伝えられることが多い．生き物を自然界に放ち何とか増やしたいという善意は無視すべきではないが，外来魚の違法放流と同じ結果をまねくことを理解させる必要がある．ボウフラ退治の目的で放流されるカダヤシも問題である．それが原因で各地でメダカがいなくなって

いる．環境が改善されないかぎり希少種を放流しても寿命を全うできる保証はなく，繁殖してしまうと地づきの同種個体群と交雑して遺伝的汚染をもたらす恐れさえある（1・1参照）．むしろ自力で繁殖できるよう，生息環境を整えることこそ先決である．

私たちが守るべきは，希少種や絶滅危惧種の生物種である．しかし，野外ではそれぞれの生息環境に適応した地域特有の個体群の形で存在している．これらの個体群に何の変更も加えず守ること，そのことの積み重ねが結局は生物種の保護につながっていく．

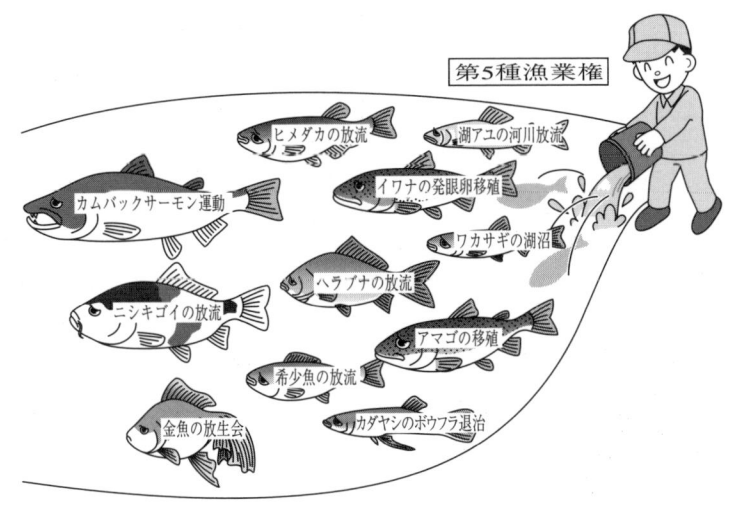

図4・23 日本でみられる問題の多い種苗放流と安易な移殖

5．淡水魚の保護の方法

一般に，希少種を守ることを保護（protection）と呼び，これには希少種が生息する野外の生態系をそのまま保つ保全（in situ conservation）と，希少種を研究施設に隔離した状態で維持する保存（ex situ preservation）という2つの方法がある[10, 12, 13]（図4・24）．

保護の具体策である保全は，生息地における現存の自然環境を維持することで希少種を保護しようとするものである．

1）水田の役割

農業用水を通じて河川に接続する水田は，淡水魚にとって生態学的にきわめて重要な場所であり，主要な保全対象と見なせる．水入れ後の水田は，コイ目で代表される純淡水魚類にとって生活環上欠かすことのできない繁殖場となる．圃場整備されていない水田は，素堀の小溝を通して用水に連続している．水田ネットワークが機能していれば，淡水魚は自由に交配でき，近交弱勢を抑制できる．

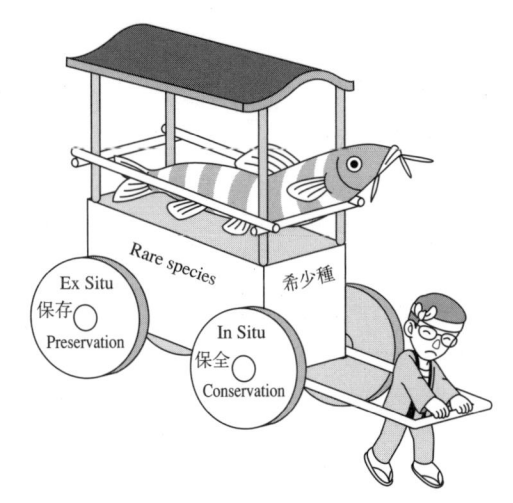

図4・24 希少淡水魚保護の方法の概念図
保全と保存が一体とならなければ日本の淡水魚は守れない

現在，ミヤコタナゴやニッポンバラタナゴのような希少淡水魚は，中山間地域にある水田に連なる小溝やため池にかろうじて残っている．このような水田は，概して粗放的で伝統的な農法によって管理されており，効率が悪い分だけ生産性が低い．1999年に施行された食料・農業・農村基本法は，農業の多面的機能を重視する立場から，生態系を守る見返りに，直接支払制度導入の方向性を示している．この制度は，生産振興と所得補償を切り離すことからデ・カップリングとも呼ばれている[14]．環境に配慮した農法を採用して収量が減っても，農家が困らないように減収分を補償することを目的としている．今後，水田周辺の自然環境を保全する農業政策にどこまで淡水魚保護を盛り込むかが焦点となるだろう．

2) 研究施設の役割

保存は希少種を生息地から研究施設の隔離して種の系統を維持管理するもので，それを担う水産試験場や水族館はいわば現代の"ノアの箱船"ともいえる．その方法としては，水槽内での累代飼育が主流であるが，近年，イタセンパラやアユモドキなど一部の希少淡水魚では精子の凍結保存にも成功している．環境省は平成14年度から絶滅の危機に瀕した野生生物種の保存を目的に，「環境試料タイムカプセル化事業」を開始している．この事業の目的は，国立環境研究所をベースに，絶滅危惧生物の精子や細胞の収集・保存を主眼としている．まだ始まったばかりではあるが，希少淡水魚の対象とする国家レベルの保存事業として今後大いに期待される．施設内で保存技術を開発することは，希少淡水魚の繁殖や集団維持に関する基礎的情報を得ることにも通じる．特に，水産研究機関において長年蓄積してきた食用魚の繁殖技術を希少淡水魚に転用できることは，わが国の保存における特徴でもあり利点でもある[10]．

本来の自然保護の精神からすれば，研究施設内での保存よりは野外での保全を優先すべきことは言うまでもない．事実，自然保護団体は，保存をあまり強調しすぎると，それが保全の代替策と見なされ自然を開発する側に口実を与えてしまうと警告している．しかし，公共の保存施設を充実させないと，野外で急速に進行する生息地破壊に耐えきれず，やがて多くの種や個体群は絶滅してしまう．実際に，わが国の希少淡水魚の多くは好ましくない生息環境に置かれている．ヒナモロコ，ムサシトミヨ，イバラトミヨ雄物型のように緊急を要する場合は，研究施設の中での保存により絶滅を回避すべきである．将来的には，生息地の保全と復元作業を実施することで，水族館や水産試験場はそのような種の存続に貢献するであろう．さらに，これらの公共施設は生物多様性に対する社会の関心を高めたり，新しい利用方法を発見する機会を生み出すので，結果として，野外での保全の重要性を伝えるのに役立つものと期待される[13]．

自然生態系を守る保全も研究施設内での保存も共に重要であり，希少種保護においては車の両輪に例えられよう．そのため，希少種の保護計画はやはり両者が一体となって立てられるべきである．同時に，淡水魚保護の目標は，保全にしろ保存にしろ，いかに個体数を多く残すかということよりは，いかに地域個体群に固有な遺伝的多様性を大きく残すのかという点にあることを認識すべきである．

6. 田んぼの生き物を守る

朝日新聞の最新のアンケート調査によれば，自然保護に関心がある日本人6割を超えるという．実際に，生物多様性に関心が高まるにつれ，水族館を訪れる人たちの興味はウーパールーパーやラッコ

など外観や行動が奇抜な外国産の種から，メダカやタガメなど身近な在来生物に変わってきている．自然の美しさやすばらしさを体感したとき，その自然を守りたいという衝動に駆られるのは人間としてふつうの感情である．ならば，絶滅に瀕した淡水魚の保護を国や地方自治体の公共施設だけに任せておいてよいはずがない．

「シナイモツゴ郷の会」の活動は市民による手作りの自然再生を目指している．この会に集う人たちはきわめて多様で，サラリーマン，主婦，教員，学生，農家の方々，ジャーナリスト，画家，研究者，行政官がいる．職業や立場は違ってもみな一般市民であり，希少淡水魚保護のために働く気持ちは同じである．従来の自然保護運動は，原発誘致，ダム建設，高速道路敷設，干潟の埋め立てなどの公共事業をめぐる官対民の明確な対峙の構図があった．そのため，戦略として勢い政治的活動が強いられ，個人の純粋な想いを殺すこともあった．郷の会の会員には，そのような緊張感はない．シナイモツゴは手つかずの原生林の中にいるのではなく，身近な水田周りのため池や小川にいる．会員が集う場所は田んぼであり，田んぼのさまざまな恩恵を味わい楽しみながら活動している．

日本の田園風景は実に美しい．明治時代の初頭に日本中を旅した英国公使婦人のイザベラ・バードは，母国にいる妹にあてた手紙を「日本奥地紀行」にまとめている[15]．彼女は，山形県酒田市周辺を訪れたとき，田畑に囲まれた農村の美しさに感動し，東洋の桃源郷と絶賛している．田園風景が安定しているのは，豊かな自然とそれを管理するのに必要な人手との間でバランスが保たれているからである．そのことは，田んぼが単に食料生産の場にとどまらず，多面的機能を持つことの証となる．

日本学術会議は2001年に農業の多面的機能について政府に答申を行った．多面的機能には食糧生産に加え，環境への貢献，地域社会の形成・維持が挙げられている．環境への具体的な貢献には，洪水防止・土砂崩壊防止・地下水涵養など緑のダムとしての機能，水質浄化，大気調節，それに生物多様性の保全がある．水田における生物多様性の保全機能とは，水田生態系の保全，遺伝資源の保全，そして野生動物の保護を指す．シナイモツゴが旧品井沼周辺で存続できたのは，ひとえに水田に保全機能が残っていたからである．

淡水魚にとって水田とは，繁殖場，餌場，生息場でもある．淡水魚はワムシ，ミジンコ，イトミミズなどを食べ，自らもカエル，サギ，タガメ，ヤゴなどに食べられ，きわめて安定した食物連鎖を創出していた．

豊かな自然と共生してきた私たち日本人は，今，この保全機能が抑えられていることにようやく気がつき始めた．田んぼは生産効率を上げるために圃場整備が実施され（第1の危機），希少生物の宝庫でもある立地条件の悪い田んぼは放棄され（第2の危機），虫に食われたり病気にならないよう農薬が過剰に撒かれ，ため池には勝手にブラックバスが放流されてしまっている（第3の危機）．日本のほとんどの田んぼでの保全機能が失われつつある．このことは単に農業の問題にとどまらず，日本人1人1人が問われる課題でもある．

「シナイモツゴ郷の会」が目指すシナイモツゴ保護とバス駆除は同じ方向にある．同様に，淡水魚保護を目指し，神奈川県の「藤沢めだかの学校をつくる会」，京都府「深泥池水生生物研究会」，福岡県の「ヒナモロコ里親会」など市民団体は各地で活躍している．幅広の市民運動はやがて国家をも動かすであろう．貴重な在来淡水魚を先祖から受け継いだのが現代日本人であるならば，それに変更を加えず後世に伝えるのも私たちの務めである．

本稿の内容は，東京農業大学の守山　弘博士，京都大学の寺門康弘博士，近畿大学農学部の藤田朝彦博士および横井謙一博士との論議の中で整理されたものである．謝して本稿を閉じたい．

引用文献

1) 川那部浩哉・水野信彦・細谷和海，2001：日本の淡水魚（改訂版）．山と渓谷社，719pp.
2) 環境省，1999：汽水・淡水魚類のレッドリストの見直しについて．環境省自然保護局野生生物課，226pp.
3) 日本政府（環境省編），2002：新・生物多様性国家戦略—自然の保全と再生のための基本計画—，ぎょうせい，315pp.
4) 細谷和海，2000：河川生態系と生物多様性，農産漁村と生物多様性（宇田川武俊編），家の光協会，112-133.
5) Iida, Y. and A. Mizokami, 1996 : Outbook of coldwataer disease in wild ayu and Pale Chub, Fish Pathology, 31, 157-164.
6) 浦部美佐子ほか，2001：宇治川で発見された腹口頭（吸虫綱二生亜綱）：その生活史と分布並びに淡水魚への被害について，関西自然保護機構会誌，23，13-21.
7) 細谷和海，2001：日本産淡水魚の保護と外来魚，水環境学会誌，24，273-278.
8) 林　徳衛，1975：壱岐島長者春産化石誌，島の科学研究所，120pp.
9) Hunter Jr., M. L.,　1996: Fundamental conservation biology, Blackwell Science, Cambridge, Massachusetts, 482 pp.
10) 細谷和海，1997：日本の希少淡水魚の現状と系統保存．長田芳一・細谷和海 編，緑書房，315-329.
11) 鷲谷いづみ・矢原徹一，1996：保全生態学入門，文一出版，270pp.
12) Frankel,O.H. and M.E. Soule, 1981：Conservation and evolution, Cambridge Univ. Press, Cambridge.
13) WRI, IUCN and UNEP, 1992：Global biodiversity strategy, 国連刊行物，244pp.
14) 細谷和海，2002：日本産希少淡水魚の現状と保護対策，遺伝，56，59-65.
15) イザベラ・バード（高梨健吉 訳），1975：日本奥地紀行，東洋文庫240，平凡社，388pp.

索　引

<アルファベット>

Anolis carolinensis　15
Bombus terrestris　18
Bufo marinus　15
Chelydra serpentina　14
Herpestes javanicus　14
Lepomis macrochirus　16
Micropterus dolomieu　15
Micropterus salmoides floridanus　15
Micropterus salmoides　15
mtDNA　112
Paguna larvata　15
Procyon lotor　14

<あ行>

赤星鉄馬　11
芦ノ湖（神奈川県）　17
奄美大島（鹿児島県）　14
アマミノクロウサギ　14
アライグマ　14
アライグマ型　15
アロヨ・チャブ　6
安定制御期　67
アンティマイシンA　74
池原ダム（奈良県）　15
池干し　51,72,97,114,118,130
イシガイ　45
石垣島（沖縄県）　15
異種交雑・放流　17
伊豆沼　16,29,37,43
　——・内沼環境保全財団　22
　——漁業協同組合　29
　——バス・バスターズ　77,100

伊豆沼方式　75,89
　——バス駆除　80
遺伝子かく乱　124,132
遺伝的固有性　140
遺伝的多様性　111,140
遺伝的類縁性　111
移動期稚魚　84
意図的放流　18
移入種　3
違法放流　11
イリドウイルス　73
ウグイ　31,35
牛ヶ淵　71
内沼　16,29,37,43
ウリミバエ　72
営巣センサー　78,83
エレクトロショッカー　70
エレクトロフィッシングボート　70
オイカワ　35
大型化　46
オオクチバス　13,29,37,53
　——・ウイルス　73
　——等に係る防除の指針　20
　——等防除推進検討会　20
　——の食害　117
　——の侵入　118
　——小グループ　18
オオヒキガエル　15
小笠原諸島（東京都）　15
沖縄島（沖縄県）　14
国際自然保護連合　14
親バスの捕獲　83

<か行>

回収　84
カイツブリ　38
掻い堀り　71
外来種　3
外来生物法　13
鹿島台　48
　　——小学校　121
　　——町　117
河川内増殖　53
カネヒラ　35
カバー　81
カミツキガメ　14
カムルチー　31
カラスガイ　45
河口湖（山梨県）　17
環境指標種　138
環境省東北地方環境事務所　22
観察方法　83
帰化競合　17
希少種の保存機能　131
キャッチ・アンド・リリース　18
旧品井沼周辺ため池群　118
漁業権対象魚種　17
魚食性水鳥類　40
魚類群集　37
魚類の放流ガイドライン　23
ギンブナ　139
食う・食われるの関係　6
駆除　67
　　——マニュアル　87
グリーンアノール　15
グロキディウム幼生　46
ゲンゴロウブナ　5,31
湖アユ　7
交雑　111
小型刺網　91

小型サンショウウオ　15
小型定置網　91
国外外来魚　5
国際自然保護連合IUCN　14,133
コクチバス　15,53
国内外来魚　5
国内外来種　111
コサギ　38
根絶可能期　67

<さ行>

西湖（山梨県）　17
（財）日本釣振興会　19
再放流禁止　50
鰓葉　43
在来魚放流　131
殺魚剤　74
雑種　111
里親　99,121,123
　　——規約　124
　　——制度　102
　　——制度規約　126
里川　116
里山　116
ザリガニ　15
三角網　70,91
産着卵の駆除　91
産卵基質　43,81
産卵場　32
　　——所の干出　71
産卵ポット　120
自然再生　102
指定希少野生動物種　113
シナイ通信　123
品井沼　95,96,117,128
シナイモツゴ　50,95,109,117
　　——郷の会　26,50,77,95,117,118,130

シナイモツゴの人工繁殖　119
　　　──の保護　117
　　　──の模式産地　77
　　　──模式標本　117
地曳網　69,77
市民団体　95
地元の了解　84
ジャワマングース　14
集団の有効サイズ　68
重要湿地500　96
種指定の天然記念物　133
ジュズカケハゼ　30
種の置換　112
種苗放流　140
準絶滅危惧　133
情報不足　133
食性　32
処分方法　85
人為3倍体　73
人員　84
親魚捕獲　91
人工産卵床　71,77,90,101
侵入種　3
侵入防止期　67
侵略的外来種　13
水質　36
水上待伏型水鳥　38
水路　114
制御　67
生息池の拡大　123
生態学的反作用　68
生態系復元　51,117
性フェロモン　75
生物学的均一化　9
生物多様性　140
　　　──喪失　9
　　　──条約　12

セイヨウオオマルハナバチ　18
世界の侵略的外来種ワースト100　14
設置間隔　83
設置期間　83
設置方法　81
絶滅　133
　　　──確率　68
　　　──危惧　133
ゼニタナゴ　29,30,43,128
　　　──救出作戦　130
　　　──研究会　46
　　　──シンポジウム　47
　　　──生息状況　128
　　　──の移殖　129
　　　──復元プロジェクト　46,101,119
全国ブラックバス防除市民ネットワーク　101
潜水追跡型水鳥　38
仙台平野　132
全長組成　30
全長分布　31
ソウギョ　5
ゾーニング　11
側線鱗　109
外枠の箱　80

＜た行＞

ダーウィンの箱庭　6
第5種漁業権　11,140
対策　35
体制づくり　95
大東諸島（沖縄県）　15
タイムカプセル化事業　142
タイリクバラタナゴ　5,29,30
タナゴ類　34
棚田　114
タヌキ　14
卵の移動　121

卵の里親　123
ため池　109,131
　　　──生態系　116
　　　──の維持・管理　115
　　　──の多機能性　131
タモ網採集　79
タモすくい　84
タモロコ　29,31
地域個体群　133
稚魚の減少　33
稚魚の里親　124
稚魚の飼育　121
稚魚捕獲　91
チュイ・チャブ　6
中大型魚　85
直接支払制度　142
直結式センサー　78
釣魚議員連盟　19
デ・カップリング　142
定置網　80,84,85
　　　──漁獲物調査　32
手遅れ期　67
特定外来生物　13,14
　　　──等専門家会合　18
　　　──による生態系等に係る被害の防止に関する法律　13
ドブガイ　45

<な行>

内湖　9
内水面漁業調整規則　99
ナイルパーチ　6
苗ポットトレー　80
長沼　77
七つ森湖　53
ニッポンバラタナゴ　6
日本重要湿地500　118

農業の多面的機能　143

<は行>

パイプカット手術　72
ハクビシン　15
ハクレン　5
バス・バスターズ　25,87,90
バス掃討作戦　118
バス稚魚の出現　32
バス類　113
ハゼ科魚類　46
パブリックコメント　14,20
繁殖阻止　36
　　　──方法　77
被害の連鎖　51
ビクトリア湖の悲劇　6
琵琶湖（滋賀県）　15
ビワヒガイ　29
富士沼　60
不妊　111
ブラックバス駆除マニュアル　22
フランケンシュタイン効果　7
フル　6
ブルーギル　16,113
フロリダバス　15
防除　67
　　　──モデル事業　20
放流　123
　　　──ガイドライン　139
保護　141
捕食者侵入　17
保全　141
保存　141

<ま行>

マングース型　15
ミコアイサ　38

ミジンコ　121
　　──類　33
水鳥群集　37
深泥池　9,69
密放流　58
宮城県内水面水産試験場　120
宮地傳三郎　117
メダカ　30
模式産地　95,118
モツゴ　29,30,31,109
戻し交配　6,113
モニタリング　114

<や行>

野生絶滅　133
山中湖（山梨県）　17
ヤンバルクイナ　14

吉田川　53
ヨシノボリ類　30

<ら行>

ラセンウジバエ　72
ラナウイルス　73
ラムサール条約　29
卵駆除　80
リセット式センサー　79
レッドデータブック（環境省版）　16
　　──（都道府県版）　17
ロテノン　74

<わ行>

ワカサギ　31
ワタカ　137

あ と が き

　"ブラックバスを退治する"というタイトルは過激であり，読者によっては本書を読み，内容が感情のおもむくまま独善的に展開されていると誤解される向きもあるだろう．もとより編者の高橋も細谷も自然保護団体の急先鋒ではない．高橋は宮城県の水産試験場に長年奉職してきた研究者であり，県内の内水面水産資源の持続的利用と魚類相にかかわる研究を進めてきた．細谷もまた水産庁中央水産研究所において希少淡水魚保護政策と外来種問題にかかわってきた．両名とも内水面水産業の現状を理解しつつ淡水魚保護のありようについて模索してきたつもりである．2人の関係は，1993年に高橋が採集したシナイモツゴと思われる個体を，高橋が細谷に同定依頼したことに始まる．送られてきた標本は紛れもなく絶滅危惧種シナイモツゴであった．しかも模式産地から60年ぶりの再発見であった．希少淡水魚保護は今からでも遅くはないという意識が両名に芽生えて行った．

　水産庁は，1980年代から拡大傾向にあるオオクチバスの危険性を察知しており，その対応に苦慮してきた．1990年代になるとオオクチバスの密放流（違法放流）問題がマスコミにも取り上げられるようになった．しかし，コクチバスやサンシャインバスなど新手のバスが野放図に次から次へと導入されて行った．バス釣師の欲望のまままったく抑制が効かない現実，野外ですさまじい勢いで進行するバスによる在来種の駆逐現象，それらを目の当たりにして立ち上がったというのが両名の真意である．シナイモツゴの生息地が外来魚の侵入によって風前の灯であったことが，さっそく高橋をシナイモツゴの保護活動に駆り立てた．それに共感を覚えたのが本書に執筆いただいた多くの著者の方々である．

　本書の執筆が進められる中，外来生物法の施行に際しオオクチバス一次指定をめぐり公開の場で活発な議論が展開され，本書でこの経過が詳しく述べられている．高橋はこの白熱する議論の中で研究者として生態系への影響を重視し，ブラックバスの一次指定を最後まで主張した細谷を全面的に支持し，彼と共に本書を完成できたことを誇りに思っている．

　本書を発刊するまでの経緯を説明すると，高橋が企画し，細谷が編集を担当してきた．本書は"ブラックバスの駆除方法"と"シナイモツゴの保護"という2つの異なる命題から成り立っている．これらをたくみにつなぎ合わせたのは，恒星社厚生閣の佐竹あづささんである．本書はまさに高橋・細谷・佐竹のスクラムによってできたと言えよう．彼女の適切な提案と忍耐強い対応がなければ本書はまとまらなかったに違いない．あらためて深く感謝申し上げます．

　「伊豆沼方式」あるいは「シナイモツゴ郷の会」で示されるように，本書が外来種駆除のマニュアルとして市民による自然再生のモデルとなることを願ってやまない．

　本書を発刊するにあたり以下の方々にお世話になった．
旧品井沼周辺ため池群の用水を利用して農業を営まれている鹿島台地区の多くの方々には駆除作業や調査で献身的なご協力をいただいた．宮城県や旧鹿島台町の職員の方々には日ごろの活動でご指導・ご協力を，宮城夢ファンドには本書出版の契機となったシンポジウム開催に，大阪コミュニティー財団と日野自動車グリーンファンドにはシナイモツゴの里親育成事業に対し助成をいただいた．

また，朝井俊亘，池田洋二，北田直樹，斉藤憲治，早坂正典，三村治男，森宗智彦，横田彰子の各氏には資料や写真の提供および適切な助言をいただいた．重ねて深く感謝申し上げます．

2006年11月
編者　細谷和海・高橋清孝

ブラックバスを退治する
―シナイモツゴ郷の会からのメッセージ

2006年11月25日　初版発行

（定価はカバーに表示）

編　者　細谷　和海
　　　　（ほそや　かずみ）
　　　　高橋　清孝
　　　　（たかはし　きよたか）

発行者　片　岡　一　成

　　　　発行所　株式会社 恒星社厚生閣
　　　　〒160-0008　東京都新宿区三栄町8
　　　　Tel　03-3359-7371　Fax　03-3359-7375
　　　　http://www.kouseisha.com/

印刷・製本：シナノ

ISBN4-7699-1049-5　C1040

恒星社厚生閣 書籍のご案内

川と湖沼の侵略者　ブラックバス

日本魚類学会自然保護委員会　編
A5判／160頁／上製／定価2,625円

国内の河川・湖沼生態系に大きな影響を与えている外来魚オオクチバスの研究成果を基盤にして，生物学的特性と分布の現状を正確に把握し，それらが自然生態系や魚類をはじめとする在来水生生物にいかなる影響を与えているのかを科学的に究明する。生物多様性保全という観点からブラックバス問題解決への道を探る。

遊漁問題を問う

日本水産学会水産増殖懇話会　編
A5判／174頁／並製／定価2,625円

日本人は昔から釣りに親しんできたが，今日，遊漁（釣り）を巡る環境は大きく揺れている。ブラックバスに代表される外来魚問題，そして新たな釣り場の拡大とそれによる環境破壊など難問に直面している。本書は，学界・漁協・遊漁業界・釣り人など様々な立場からの意見を紹介し，理想的な遊漁環境を創り出すためのよき資料。

水産無脊椎動物学入門

林　勇夫　著
A5判／300頁／並製／定価3,675円

好評を得た前著『基礎水産動物学』発刊から十数年，生物学の発展は目覚ましい。本書は前著の内容を一新し水産無脊椎動物に的を絞った書き下ろし。総論でその全般的説明，各論で個々の分類群について詳述する。基礎的事項を中心にし，注目の話題をコラムで解説。前著同様，大学のテキストに最適。

魚学入門

岩井　保　著
A5判／224頁／並製／定価3,150円

好評を博した岩井博士著『魚学概論』の初版から20年。本書は，その間の進展著しい魚学研究の研究成果を充分にとりこみ，大幅な改訂を加えた新装版である。主に魚類の形態に重点をおき，分類・形態・生活史・分布・進化・分類などを詳細な挿絵を配し解説した入門書である。

環境ホルモン
ー水産生物に対する影響実態と作用機構

「環境ホルモンー水産生物に対する影響実態と作用機構」編集委員会編
A5判／208頁／上製／定価3,360円

本書は農水省が推進した「農林水産業における内分泌かく乱物質の動態解明と作用機構に関する研究」（99〜02年）にふまえ，これまで未解明であった内分泌かく乱物質による漁場環境，水生生物への影響を集約するとともに，新しく開発した技術を駆使し作用機構を明らかにした。今後の調査・研究に必須の内容。

定価は税込です